广州市家长学校家庭教育书系

流动留守儿童安全读本

广州市妇女联合会 编

SPM 南方出版传媒
全国优秀出版社
全国百佳图书出版社
广东教育出版社
·广州·

图书在版编目（CIP）数据

流动留守儿童安全读本 / 广州市妇女联合会编．—广州：广东教育出版社，2017.5（2020.10重印）
ISBN 978-7-5548-1640-0

Ⅰ．①流…　Ⅱ．①广…　Ⅲ．① 农村—儿童教育—安全教育—中国　Ⅳ．① X956

中国版本图书馆 CIP 数据核字（2017）第 055827 号

流动留守儿童安全读本

LIUDONG LIUSHOU ERTONG ANQUAN DUBEN

责任编辑： 陈定天　林洁波

责任技编： 杨启承

装帧设计： 曾志平

制作统筹： 星漢文化 广州星汉文化传播有限公司 Guangzhou Starry Culture Communication Co., Ltd.

漫画来源： 《平安绘创想　呵护伴成长：儿童安全绘本暨首届儿童四格漫画大赛作品选》

广 东 教 育 出 版 社 出 版
（广州市环市东路 472 号 12-15 楼）
邮政编码：510075
网址：http://www.gjs.cn
广东新华发行集团股份有限公司经销
天津创先河普业印刷有限公司印刷
（天津宝坻经济开发区宝中道北侧5号5号厂房）
889 毫米 ×1194 毫米　32 开　4.5 印张　110 000 字
2017 年 5 月第 1 版　2020 年 10 月第 2 次印刷
ISBN 978-7-5548-1640-0
定价：25.00 元
质量监督电话：020-87613102　邮箱：gjs-quality@gdpg.com.cn

编委会名单

主　编

刘　梅

副主编

李艳林

编　委

许东雨　钟　军　哈英敏　冯德泉

杨　梅　许闻笳　梁嘉韵　张洁宁

随着城市化进程的快速发展，越来越多的人为了寻求更好的经济条件和生存环境而外出务工，他们的孩子被留在家中或被带到谋生的异乡生活，形成了一个特殊的未成年人群体——流动留守儿童。无论是跟随父母谋生的步伐从农村来到城市的流动儿童，还是留在家中守望故园的留守儿童，他们的“身”“心”都面临着各种安全困境。他们的人身安全需要更多的呵护和关爱，他们的精神世界需要更多的光亮和温暖。

流动留守儿童面临的安全问题涉及拐卖、溺水、火灾、交通事故、性侵犯、家庭失管、校园暴力等，同时出现自卑、孤僻、抑郁、狂躁、行为失控等心理问题的比例也较其他孩子更高。造成流动留守儿童处于这些风险中的原因有：居住环境不稳定，交通状况复杂，公共空间缺乏，父母失管，城市适应不易，等等。如何让这些孩子规避伤害和危险，当伤害发生时、孩子产生心理问题时如何应对，是广大外来务工家庭迫切关心的问题。

为了让这些孩子快乐健康地成长，广州市妇联收集整理有关流动留守儿童安全问题的案例，策划出版了这本《流动留守儿童安全读本》。本书以小学中高年级的流动留守儿童为主要读者对象，着眼于安全意识的建设，通过创设具体的故事场景，以情景测试及情景训练的方式向孩子们提供保障身心安全、远离危险的知识和技巧，

同时也为他们的家长提供全方位的安全教育指引和亲子陪伴、亲子沟通的方法和建议。

全书包括人身安全和心理安全两部分，每章均以生动的场景漫画引入话题，列举儿童身边事例进行剖析，图文结合，适合儿童的阅读习惯，兼具知识性和趣味性。上编选取了较为常见的八种人身安全问题，涉及户外、交通、恶劣天气、水域、高空、食品、用火、用电等诸多方面，有针对性地提出相应的预防及救护措施；下编心理安全重点关注流动留守儿童的心理问题和可能遭受到的心理伤害，包括自卑、压抑、性侵、校园欺凌、家庭暴力、网瘾等内容，帮助孩子应对来自经济、社区、学校、家庭、异文化以及朋辈的压力。

《流动留守儿童安全读本》一书是“广州市家长学校家庭教育书系”的其中一本。“广州市家长学校家庭教育书系”坚持以社会主义核心价值观为基石，着力研究家庭教育理论，总结家庭教育经验，探索家庭教育规律，解决家庭教育难题，为指导家庭教育工作提供指引和支撑。我们希望，本书能够帮助家长和老师做好流动留守儿童的安全教育引导，成为流动留守儿童安全健康成长的好帮手。

儿童身心的安全与健康，不仅关系到家庭的幸福和未来，也关系到社会的和谐与国家的未来。给孩子多一些关爱和陪伴，为他们的成长保驾护航，帮助他们打开心灵之窗，让阳光照进来，放飞梦想。愿所有的孩子都能在亲人、老师、社会的关爱中，平安快乐地成长。

编 者

目　录

上编　人身安全

上编选取了较为常见的八种人身安全问题，涉及户外、交通、恶劣天气、水边、高空、食品、用火、用电等诸多方面，有针对性地提出相应的预防及救护措施。

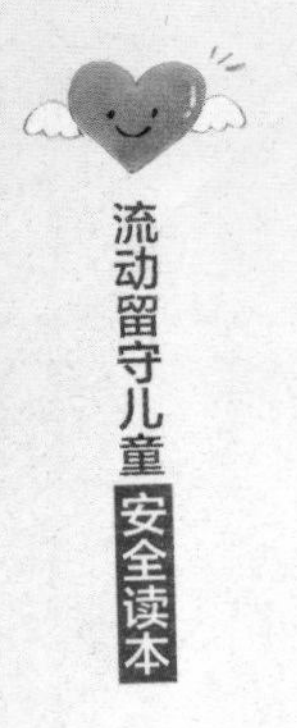

下编　心理安全

下编重点关注流动留守儿童的心理问题和可能遭受到的心理伤害，包括自卑、压抑、性侵、校园欺凌、家庭暴力、网瘾等内容，帮助孩子应对来自经济、社区、学校、家庭、异文化以及朋辈的压力。

上编　人身安全

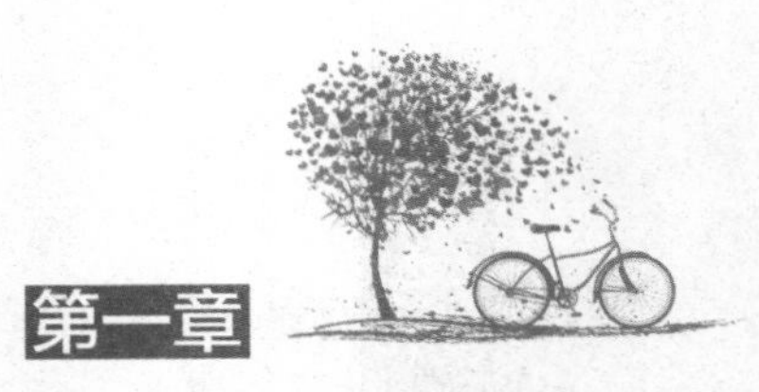

第一章

户外安全知多点

我们离家外出时，特别是在一些公共场所，有哪些安全问题需要注意呢？下图中的小朋友发生了什么事？

情景一：工地上有各种各样的机器，看起来很特别，我可不可以到机器上玩呢？

小施三姐弟的父亲在一家水泥制品厂工作，因无人看管孩子，他常常带着他们来工地。这天，姐弟仨玩腻了沙子，就一起爬进水泥搅拌机里玩。谁知搅拌机突然启动，三个小孩在搅拌桶里被搅拌臂搅动着……工地负责人见状，马上把电源关了，可三个孩子已全部身亡。

情景二：我刚到城里不久，第一次和爸爸妈妈出去，一不留神走散了，这可怎么办？

婷婷的爸爸妈妈都在城里打工，暑假的时候就把婷婷接来身边。一次，妈妈带婷婷去市中心的百货商场，婷婷被商场的人偶表演吸引住了，她不知不觉挤进了人群中。表演结束后她才发现妈妈不在身边，一下子哭了起来。幸好商场的保安帮婷婷在广播里找到妈妈，总算有惊无险。

情景三：你知道该怎么正确地搭乘电梯吗？

小军今年跟随打工的父母来到城里。周末，他和妈妈到百货公司购物，商场上下都有手扶电梯，他有时沿着扶梯上下跑，有时逆着扶梯走，觉得很新奇很好玩。就在电梯快到三楼时，意外发生了！小军的脚突然被卷进电梯，他的五个脚趾被电梯尽头的夹板夹断，鲜血直流。

带着孩子去工作这一现象，在流动儿童家庭中很常见。情景一中的建筑工地有各式各样的机器，因为平常少见，很容易吸引孩子。但是，这些机器设备往往存在隐患，甚至还可能成为孩子生命的杀手。

在乡村，人与人之间彼此熟络，走家串户是家常便饭。而城市里错综复杂的大街小巷，熙熙攘攘的人群，对初来乍到的流动儿童来说很陌生，容易迷路或同家人走散。许多公共场所，如大型广场、天桥、商场等地方，都存在这样的安全隐患。

许多小朋友都喜欢在自动扶梯上玩，殊不知，自动手扶电梯有四个“老虎口”最喜欢“咬人”：扶手带入口、梯级入口、两个梯级之间、梯级的两边。这些地方存在缝隙，在电梯运行的过程中随时都有夹脚的危险。

小朋友，你见过下面的这些标志吗？快和爸爸妈妈一起，在“情景测试”中学一学吧！答案稍后揭晓哦。

图 1：____________

图 2：____________

图 3：____________

图 4：____________

图 5：________

图 6：________

图 7：________

图 8：________

图 9：________

图 10：________

图 11：________

图 12：________

一、为了避免出现类似危险的情况，你可以这样做：

1. 遵守公共场合的规则，学会读安全标志。本书第5页、第6页中的图4、图6、图7、图8、图11、图12都是公共场合中经常出现的禁止标志，了解标志上的内容能帮助你有效地规避伤害。

2. 单独出门前向父母报备，征得父母同意后再行动；和父母一起出门，遇到新奇的东西，在行动前要先询问父母，让他们了解你的动态与去向。如看见图1、图2、图3、图5、图9所示警示标志，应迅速远离。

3. 牢记家庭住址、父母电话等基本信息，但是不要轻易告诉别人。

二、在公共场所与爸爸妈妈走散时，你可以这样做：

1. 首先保持镇定，不要一个人到处跑，更不要边跑边喊“爸爸”“妈妈”，以免被不法分子发现你是独自一人。

2. 原地等爸爸妈妈回来找。如果等待时间过长，

可向周围穿制服的人如保安、工作人员、交警等寻求帮助。如果是在商场、地铁等公共场所，可请工作人员用广播帮助寻找爸爸妈妈。不要随便向陌生人求助，也不要轻易跟陌生人走，若遇到有人想强行带走你，可以大喊大叫引起路人的注意。

3. 如果最后还是找不到爸爸妈妈，可以将自己背下的家庭地址告诉周围穿制服的保安、工作人员、交警等，在他们的帮助下回家。

三、乘坐自动扶梯时，你应该注意：

1. 认准起步台阶，双脚要踩到黄线内站稳并扶紧扶手带，面朝电梯运行方向。不要在扶梯上奔跑、嬉戏、打闹、玩耍；不要用手去摸或倚靠在固定不动的护板上，以免被滚动的扶梯拉倒；也不要使劲压住电梯的扶手，不让它移动。

2. 如果衣物或鞋不慎被夹，可迅速脱下；如果脚被夹，可按下紧急停止按钮，一般来说，扶梯的顶部、底部和中间下方都设有红色的紧急停止按钮。

四、乘坐垂直升降梯时，你应该注意：

1. 进出电梯的时候，先确认电梯到达了再行动；进电梯后，站在安全的区域。不要靠门站立，以防电梯门突然打开；不要将手放在电梯门旁，以防挤伤手指。不做危险的动作。不要随意拍打、踢踹、蹦跳，以防电梯坠落；不要随便按电梯旁边的按钮，以防电梯故障。

2. 如果被困在电梯里，首先，按下电梯里的紧急呼叫按钮，等待救援，千万不要用手扒门或者自行爬天窗；其次，留心外面的动静，一旦听到有人经过的声音，就大声呼叫，或者拍打电梯门，让外面听到呼救声。

3. 如果电梯下坠，首先迅速把所有楼层的按键全部按下，这样当紧急电源启动时，电梯可以马上停止下坠；其次，握紧电梯里的扶手，将背部跟头部紧贴电梯内墙，膝盖弯曲，防止自己在坠落过程中受伤。

一、防止孩子外出时受伤，家长可以这样做：

1. 引导孩子识别身边的安全隐患，增强安全意识。引导孩子学习在日常生活中认识安全隐患，使他们了解周围环境可能会对自己造成的伤害，远离危险环境。

2. 教会孩子应对突发情况的必要措施。比如，让孩子记住自己家的住址、父母的名字、手机号等信息；告诫孩子要向可靠的人寻求帮助，比如商场、超市的营业人员、保安，街道上的交警、警察等。

3. 不断积累相关知识并教给孩子。比如认一认扶梯口处的紧急停止开关，不要在扶梯进出口处逗留等。

二、当意外发生时，家长可以这样做：

1. 如果孩子在工地、工厂遇到危险时，立即停止机器运行，家长应拨打120急救电话，准确告知出事位置，把孩子送往医院进行救治。

2. 如果孩子在公共场所走丢，家长应回想最近一次见到孩子是在哪里，原路返回寻找；或者向工作人员寻求帮忙，借助商场、超市广播寻人。

3. 孩子乘坐扶梯遇险时，家长可立即按扶梯出口处的紧急停止开关。若发生电梯故障，可拨打96333（广州市电梯安全运行监控中心电梯应急专线）。

走散不要怕，原地等一下。
切莫乱跑动，遇险找警察。

图 1：当心绊倒

图 2：当心机械伤人

图 3：当心夹手

图 4：禁止踩踏

图 5：当心坑洞

图 6：禁止触摸

图 7：禁止启动

图 8：禁止停留

图 9：污水排放口

图 10：避险处

图 11：禁止倚靠

图 12：禁止乘人

第二章

交通规则要遵守

马路上车来车往，你怎样横穿过马路呢？你知道下面的情景中，哪种做法是正确的，哪种做法是错误的呢？

情景四：放学后，我常和同学在马路边玩，身边每次有车经过，我都心惊胆战。

小彦和弟弟同在一所小学读书，平常父母工作忙，基本都是由小彦带着弟弟一起上学。一天放学后，弟弟和几个同学在路边玩弹珠。突然，弹珠向马路中间滚去，弟弟跟着追了出去。他眼里只有那颗弹珠，全然没留意到一辆摩托车疾驰而过。事故就在一瞬间发生了！摩托车把弟弟撞倒，导致他右腿两根骨头断裂。

情景五：我会骑自行车了，好开心啊！骑自行车时要注意什么呢？

小义父母在城里开了一家小饭馆，因为平时忙于打理生意，总是让小义自己骑车上学。暑假的一天早晨，小义单独骑车到稍远的公园玩，途经一条宽阔的大马路，开心的小义忍不住体验了一把“飞车”，不知不觉就骑到了路中央。当他发现身边车来车往时，不禁心中紧张，一下子失去平衡，摔倒在地。后面的司机见状，连忙刹车，这才没有酿成悲剧。

流动儿童大多分布在城中村或城乡接合部，这些地方人员都比较密集，街上穿梭着满载货物的运货车、人力车、电动车、自行车及其他改装车，交通十分混乱。儿童单独走在这样的路面上是很危险的，更别说像情景四那样，在公路边玩耍、打闹了，很容易发生交通事故。

《道路交通安全法实施条例》规定，驾驶自行车、三轮车必须年满 12 周岁。事实上，城市道路交通状况复杂，即使年满 12 周岁的儿童骑自行车上路也存在危险，他们身心尚未发育成熟，且缺乏生活经验和道路安全常识，难以应对复杂的路况，容易发生事故。情景五的小义便因此差点遭遇危险。

在日常生活中，你留意过马路上的交通标志吗？你知道标志上不同的颜色、形状分别代表什么吗？了解这些交通标志可以帮助我们更好地规避危险，快来学学吧！

图 13：________

图 14：________

图 15：________

图 16：________

图 17：________

图 18：________

图 19：________

图 20：________

图 21：__________　　图 22：__________

图 23：__________　　图 24：__________

一、预防马路事故，过马路时，你可以这样做：

1. 牢记并遵守交通规则，学会辨识交通安全标志并遵从它们的指挥和引导。比如，要走人行道（见图 18）；穿过人行横道时，必须遵守信号灯的指示（见图 17）。

2. 通过没有任何指示灯和标志的马路时，注意“一停二看三通过”，即先停下来，再观察左右来往车辆，等没有车或者车停下来时快速通过。若有人行过街天桥或地下通道，一定要走人行过街天桥或地下通道。

3. 牢记“三不要”：不要攀越马路上的护栏、隔离栏；不要在马路上、停车场中玩耍；不要在道路上扒车、追车、强行拦车或抛物击车。

4. 乘坐交通工具时，在站台不要拥挤，车未进站时不要提前站出站台，车已出站不要追着公交车跑，耐心等待下一趟车；上车时将书包背在胸前，以免书包被挤掉，或被车门夹住；上车后应该往车厢里面走，尽快找空位坐好或者抓住扶手；不要在车内追打跑动。

5. 骑车时，一定要选择允许自行车通行的路面。如果看到标志图 14，就意味着此处自行车不能通行；相反，如果看到标志图 21，就说明你选对道路啦。不慎将要跌倒时，先保护自己，再保护车子，可以迅速地把车子抛掉，人向另一边跌倒，尽可能用身体的大部分面积与地面接触，不要用单手、单肩或单脚着地。

二、不慎遇到危险时，你可以这样做：

1. 仔细检查自己的身体是否出血、哪里疼痛，可用衣服简单包扎出血口，但一定不要乱揉乱动伤到患处，以免造成二次伤害。

2. 如果仍能行动，尽快联系父母，前往医院检查、

治疗。

3. 如果受伤严重，不要随意挪动身体，可大声向路人求救。

一、关于如何教导孩子预防马路危险，家长可以这样做：

1. 自觉遵守交通规则，为孩子做表率。让孩子牢记基本的道路交通规则与常见的交通安全标志，以及一些基础的自救方法，并向孩子悉心解释其中缘由。比如，打出租车时，除了告诉孩子不要从左侧上下车外，还应该让孩子知道我国实行“右行制”，车辆是从前车的左边超车的，所以从车的左侧出入是很危险的。

2. 经常带孩子熟悉家庭周边及学校周边的道路环境，教会他们怎样安全行走。比如，见到标志图 13，就不能前行了。

二、在带孩子外出遇到危险时，家长可以这样做：

1. 首先应考虑怎样逃生。若在公交车内遇到危险，可用安全锤猛力击碎车窗边角玻璃逃生；所乘车辆着火时，应先防止吸入浓烟窒息，再设法逃生；从所乘车

辆中逃出后，马上远离事故发生地点，以防止车辆着火爆炸。

2. 逃生后应迅速报警。如果有通信工具，则第一时间报警求助；如果没有通信工具，应利用现有的物品设置明显标志，以引起过往车辆注意；如果是夜晚，应根据情况移动物品到有照明或易被发现的位置。

3. 在等待救援的时间里，可根据具体情况采取自救措施：要保持镇定，放松过度紧张的心情，针对伤势情况采取止血、包扎、固定等急救措施。对暴露的伤口可先用干净布覆盖，再进行包扎。如有骨折要尽可能减少移动，或利用现有材料固定骨折部位，避免骨折断端刺伤皮肤、血管、内脏和其他部位。

帮助小贴士：

小朋友们，细心的你们一定发现了，这些安全标志可以按照形状和颜色分成不同的类别，我们就一起来学习一下本章出现的三个类别吧！

（1）禁止标志：红色圆框，红色斜杠，白色背景。

禁止标志意味着画面中的行为不被允许，需要被制止，如图 13、图 14、图 22、图 23。

（2）警告标志：黑色三角形框，黄色背景。

警告标志是警告你可能发生的危险，如图 16、图

17、图 19、图 20、图 24。

（3）指令标志：圆形，白色图像，蓝色背景。

指令标志意味着你必须遵守图中所示，如图 15、图 21。

路边莫贪玩，打闹很危险。

车辆来往多，多看保安全。

（口诀来源：《安全盾牌术》，彭官友编）

图 13：禁止行人通过　图 14：禁止非机动车通行

图 15：步行　图 16：事故多发地段

图 17：注意信号灯　图 18：人行横道

图 19：注意非机动车　图 20：注意危险

图 21：非机动车行驶　图 22：禁止骑自行车下坡

图 23：禁止通行　图 24：当心车辆

第三章

恶劣天气早防范

生活在广州的小朋友们，回想一下，你们是不是经常会遇到雷雨天气？下面漫画里的情景你是不是很熟悉？

情景六：夏天总是有台风，台风来临时该怎么办？

外面开始狂风大作，天气预报台风即将在广州附近登陆。从没有见过台风的小磊觉得很刺激，偷偷地跑了出去。

一路上，小磊吹着大风，十分凉爽。他经过一栋楼房时，楼上有家住户窗户没关紧，被风刮开了。大风吹得窗子不停地碰撞，最后窗玻璃碎了，从高空中掉下来，刚好砸到小磊，其中一块玻璃碴深深地扎进了他的胳膊。后来经医院检查，小磊的一条血管被玻璃割断，需要住院手术。

情景七：没有带伞，想在树下躲雨可以吗？

暑假期间，小豪到城里与爸爸团聚。爸爸带他去公园玩耍，小豪玩得格外开心。突然天降暴雨，爸爸就带小豪跑到树下暂时避一避。

雨越下越大，忽然间，出现了一道强烈的闪光，紧接着就是一声响亮的惊雷，爸爸和小豪都被雷电击中。当医护人员赶到时，小豪和爸爸已经没有呼吸心跳了。

台风是一种自然灾害，破坏力极强，一般发生在夏秋之间，最早在 5 月初，最迟在 11 月。广东的台风一般集中在 7—9 月。刮台风出门，很容易发生被坠物袭击、财物被风卷走、掉入积水中等危险，因此尽量不要出门。情景六中，小磊就是因为对危险没有正确的预估而受到伤害。

户外旷野的树、木制建筑、金属杆遭雨淋后都容易导电，雷雨天避雨应避开这些场所。人受到雷击之后，轻者皮肤灼伤、休克；重者心跳加速，甚至死亡。情景七中小豪的爸爸在情急之下做了错误的决定，一次快乐的相聚就这样变成了悲剧。

小朋友们，我们究竟要怎样预估灾害天气的杀伤力呢？下面这些标志会帮到你的，快叫上爸爸妈妈，一起在“情景测试”中学一学吧！答案就在后面哦。

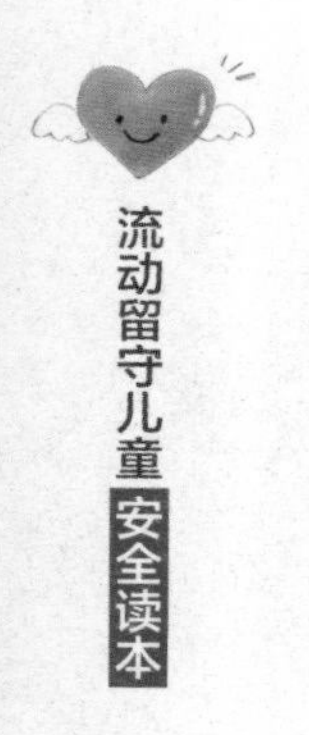

图 25：________________

图 26：________________

图 27：________________

图 28：________________

图 29：________________

图 30：________________

图 31：________________

图 32：________________

一、遇到台风天气，你可以这样做：

1. 留意天气预报发布的预警信息，切勿随意外出。有必要外出时，做好准备。不要赤脚，要穿上轻便防水的鞋子，最好是雨靴，防雨且起到绝缘作用；穿颜色鲜艳、合体的衣物，把衣服扣好或扎紧，以减少受风面积。

2. 走路速度放慢，仔细观察环境。注意不要踩到跌落的电线；经过小巷或高大建筑物时，留意高空坠物。

3. 选择安全的路段。远离迎风门窗，不要在大树下避雨或停留；远离建筑工地和装满货物的大型货车；千万不要在河、湖、海的路堤或桥上行走。

4. 如遇橙色预警或红色预警，则一定不要外出。

二、遇到雷雨天气，你可以这样做：

1. 走路要稳。要小心慢行，不要匆忙地跑，特别是走坡道时，否则容易滑倒；要注意观察，贴近建筑物行走，防止跌入下水道、地坑等，可拿根棍子在前面探路。

2. 手上不要拿着导电的物体。带金属的物件或木质

物件，如雨伞、铁锹、铁铲、弹弓等，都有可能成为雷电的目标。

3. 寻找布设了防雷措施的建筑物躲避。不要站在大面积的水域旁，不要在大树下、变压器下避雨，也不要躲在木制建筑里，不要躲在电线杆、旗杆、烟囱、尖塔等高耸建筑物下，不要停留在山顶、山脊或建筑物顶部，否则极易触电。

4. 遇到强大的雷电时，应选择低洼处躲避。因头部较之身体其他部位更易遭到雷击，因此要双脚并拢，低头蹲下，同时注意不要用手撑地。万一被雷击伤，切记不要惊慌奔跑，要及时报警求助。

5. 如果在户外看到高压线遭雷击产生断裂，应提高警惕，高压线断点附近存在触电危险，此时千万不要跑动，应单脚或并拢双腿，向远离电源的方向跳。

6. 注意避开有积水的地段，以防落入涵洞或缺失了沙井盖的下水道。

家长可以这样做

一、为有效预防自然灾害，家长可以这样做：

1. 关注天气预报及气象预警，并及时将天气情况告知孩子，共同提前做好防护准备。

2. 培养孩子防灾意识和抗灾技能。明确告诉孩子，灾害天气可能导致的后果，让他们认识到自然灾害的可怕。此外，教会孩子一些必备的抗灾技能。

二、面对台风，家长可以这样做：

1. 台风来之前，将阳台、窗外的物品移入室内，把任何可能被风吹走的物体放倒并固定好；把门窗关紧，如果有时间的话，在门上和百叶窗上钉上厚木板，微微打开迎风一面的门和窗，以减少房屋所受的压力，并取下各种悬挂物。与此同时，在家中储备水、罐装食品；储备手电筒、收音机、常用药品、电池、蜡烛等应急物品，以免台风来时频繁外出。

2. 台风过境时，将门窗关好，尽量不要外出。如果一定要外出，注意避开沿街广告牌、招牌和可能坠落的悬挂物和搁置物；快步通过或绕行尚在修建的建筑物、积水严重的地段，并且随时观察周围有没有电线掉落在积水中。万一电线恰巧掉落在自己附近，或者漏电处在自己身边，不可撒腿就跑，应单脚或并拢双脚，跳跃离开。

3. 台风过后，检查住处的各种设施是否运行正常。

三、面对雷电，家长可以这样做：

1. 天空出现闪电时，表明雷击即将来临，应迅速带孩子躲进家里，关好门窗。远离门窗、煤气管、自来水管、下水管等，不要使用太阳能热水器，避开电源线、电话线、网线等，拔下电器插头和电视天线，不要使用任何电器或者电话，以防这些线路和设备对人体二次放电；必要时应切断所有电源线。

2. 万一孩子不幸被雷击中，第一时间将孩子送往医院检查，以免留有后遗症；假如孩子遭雷击而失去知觉，家长要先对孩子进行人工呼吸，其次进行心脏按压，并迅速送医院进行抢救治疗。

帮助小贴士：

（1）台风、雷电、暴雨、大风、高温等常见自然灾害的预警标志，都是用颜色来表现严重程度的。一般来说，严重程度由小到大排列为：蓝色、黄色、橙色、红色。

（2）《广东省气象灾害防御条例》第十九条明确表明：台风黄色、橙色、红色或者暴雨红色预警信号为停课信号，停课信号生效期间，托儿所、幼儿园、中小学校应当停课。未启程上学的学生不必到学校上课；在校学生（含校车上、寄宿）应当服从学校安排，学校应当保障在校学生的安全；上学、放学途中的学生应当就近到安全场所暂避。

低处躲台风，高处避山洪。

避雷藏洼处，伏身双手空。

图 25：台风蓝色预警　　图 26：台风黄色预警

图 27：台风橙色预警　　图 28：台风红色预警

图 29：雷电黄色预警　　图 30：高温黄色预警

图 31：暴雨蓝色预警　　图 32：大风蓝色预警

第四章

水边没有守护神

小朋友，你喜欢游泳吗？在清清的河水或者蓝蓝的泳池中，自由自在地与水嬉戏，多么惬意呀！可是，你知道要怎样愉快地与水相处吗？

情景八：夏天好热啊！我好想下水游泳，可以吗？

三年前，小罗被爸爸妈妈接来城里，一家人终于团聚了。小罗在家附近的学校读书，时值暑假，他总是一个人在家。这天中午 1 点多，他和好友小蒋一起在江边玩耍。小罗的老家门前就有一条小河，他从小练就了一身游泳本领。看到流动的江水，两个小伙伴忍不住下了水……一个多小时后，水警在现场打捞起两名男童尸体。经法医初步检验，小罗和小蒋是溺水身亡。

情景九：小伙伴落水了，我该不该下水去救人呢？

2013 年 5 月，某地发生一起 5 名中学生先后落水溺亡的意外事故，而事故原因是：一名学生落水，四名同学施救，不幸全部溺亡。

当天上午，8 名初中生相约一起到江边烧烤。其间，一名男同学不小心踩到江边沙石，滑入江中，另外 4 名同学发现后，一个接一个，手牵着手去救那名同学，结果反倒一齐落入江中失踪。直到当晚 10 点左右，5 名失踪学生的遗体才被打捞上岸。

据了解，在广州地区，溺水事故发生的主要区域一是珠江自然水域，二是农村地区和城郊接合部的水塘。溺水儿童多数为流动儿童和留守儿童。情景八中，小罗、小蒋经常一个人在家，几乎没有什么娱乐活动，玩水成为这些孩子在炎热酷暑天的一大乐趣，但同时也是一大安全隐患。江水从表面上看十分平缓，其实水下暗流汹涌，是非常危险的。特别是夏季水位高涨，江边、河边、涌边等水岸边倾斜度大且较滑，可能不远处就是深水区，有些地方还暗藏漩涡、暗流。

对于小朋友来说，倘若遇到他人溺水，一定不能擅自下水“救人”。水上救生需要非常专业的知识和技能，如果不懂专业救生就下去施救，很容易被落水者紧紧抱住，造成两人一起溺亡的悲剧。所以，千万不要像情景九那样，和岸上的小伙伴们手拉手一起下去救人。因为手拉手救人，很容易从“多”拉“一”变为“一”拉“多”，几个人一起跌落水中，这样伤亡就更严重了。

情景测试

小朋友们，经过前两章的测试，安全标志在你们眼里，是不是变得简单易懂了？那么，下面的这些标志你们认识吗？快在“情景测试”中学一学吧！答案稍后揭晓哦。

图 33：____________

图 34：____________

图 35：____________

图 36：____________

图 37：____________

图 38：____________

一、防止自己在水中发生意外，你可以这样做：

1. 参加正规游泳培训班的学习，真正学会游泳。游泳前要做一些准备活动，如伸展四肢、活动关节等，同时用少量冷水擦洗一下躯干和四肢，这样可以使身体尽快适应水温，避免出现头晕、心慌、抽筋等现象；游泳时，远离排水口。尽管每个排水口都有金属罩，但仍有一定的吸力，尤其是换水时，很容易将人吸进去。

2. 牢记“三不要”。不要独自或与同学结伴到江河、水库、鱼塘、小溪等及其他水深状况不明的水域游泳，特别是看到标志图 38 时；不要在水中和小伙伴打闹、嬉戏，以免呛水或受伤；吃饱或饥饿时，剧烈运动和繁重劳动后都不要下水游泳。

二、如果不慎遇到意外，你可以这样做：

1. 如果意外落水，首先要保持镇定。两腿分开，双手上举；或头枕双手，努力使脚上浮，尽可能地保持仰位，使头部后仰；或身体保持直立，头颈露出水面，两手做摇橹划桨动作助浮，双腿在水中蹬踏划圆。换气时大声呼救，以平静的心态等待救援人员的到来。

2. 落水后如果会游泳，观察周围的物体，尽量利用水上的漂浮物，如开口盒子、球类、脸盆、水桶、塑料瓶等，将其开口压在水面下，或者把口封住。如果有露出水面的浮标、护栏等则尽量靠过去，借助它们的浮力让头部保持在水面以上。

3. 落水后如果不会游泳，在他人施救时不可胡乱挣扎、拖拽，保持冷静，配合救援人员的施救动作。

4. 发现小伙伴落水时，不要盲目施救，首先应立刻大声呼救，同时寻找池边救生员或者拨打 120 电话。千万不要单独下水或像情景九那样手拉手进行营救。

一、为培养儿童的水安全意识，家长可以这样做：

1. 加强对儿童的安全教育，告知孩子危险水域和可能造成事故的场所，让孩子明白不能单独去水流湍急或偏僻的水域游泳，要到有专业救生员的正规游泳馆游泳，或在熟悉水性的成年人的监护下游泳。告知孩子看到标志图 33~38 时，千万不能冒险下水。

2. 可以带孩子到游泳馆学习游泳技能，这样不仅能

够提高孩子在水中的自救能力，也能从侧面教育孩子，应该在正规、安全的游泳馆进行水上活动。如果看到标志图 36，即使身处游泳馆，也不要让孩子下水。

3. 有水的地方一定要有成人监管。可利用周末、假期的闲暇时间带孩子到水上乐园、游泳馆等场所，陪孩子玩水，让孩子“解解馋”，同时巧妙引导孩子要通过安全的途径、在安全的地方玩水。

二、如果孩子发生意外，家长可以这样做：

1. 发现孩子落水后，可充分利用现场器材，如绳子、竹竿、木板、救生圈等救援。以最快的速度将孩子拖上岸。救人时应从背后接近落水者，将儿童的头托起或拉住他的胸部，使其面部露出水面，然后将其拖上岸，以防被落水者死死抱住而双双发生危险。

对筋疲力尽的溺水者，抢救人员可以从头部接近；对神志清醒的溺水者，抢救人员应从背后接近。

用手从背后抱住溺水者的头部，另一只手抓住溺水者的手臂，游向岸边。

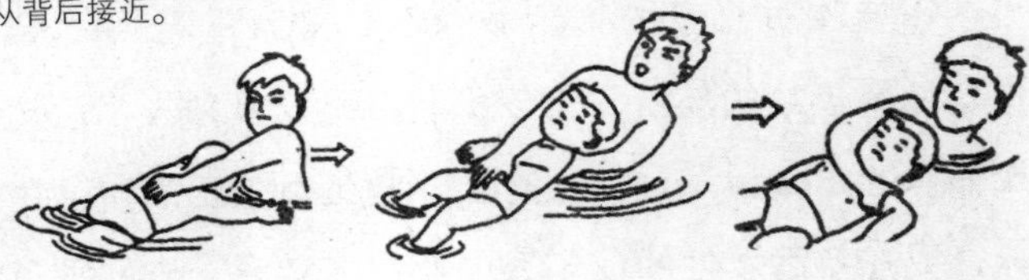

2. 将落水者救至岸上后，应迅速检查落水者的身体情况，立即清除口鼻内的淤泥、杂草、呕吐物等，确保

舌头不会向后堵住呼吸道；然后松开落水者的衣领、纽扣、腰带、背带等，保持呼吸道畅通，并注意保暖。

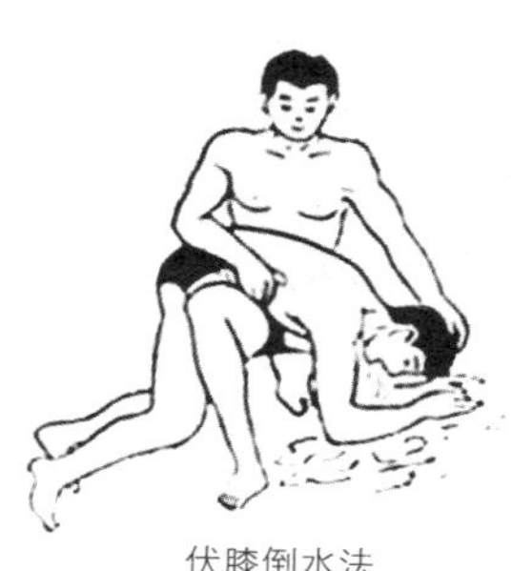
伏膝倒水法

3. 进行控水（倒水）处理。救护者一腿跪地，另一腿屈膝，将落水者腹部横放在其大腿上，使其头下垂，接着按压落水者背部，将其胃内积水倒出。注意控水时间不宜长，以免延误心肺复苏。

4. 对呼吸已停止的落水者，立即进行人工呼吸。使落水者仰卧，一手捏住他的鼻孔，一手掰开他的嘴，迅速口对口吹气。反复进行，直到恢复呼吸。人工呼吸频率每分钟16~20次。

5. 如呼吸、心跳均已停止，应立即对其进行人工呼吸和胸外心脏按压。救护者将手掌根部置于落水者胸骨中段进行心脏按压，下压要慢，放松要快，每分钟80~100次。胸外心脏按压应与人工呼吸协调操作。若有两人施救，一人心脏按压，另一人口对口呼吸，呼吸1次，随后心脏按压4次，吹气与心脏按压交替进行；若一人施救，救护者可先吹两口气，然后做8次心脏按压，反复进行。

抬颌体位时的口对口人工吹气

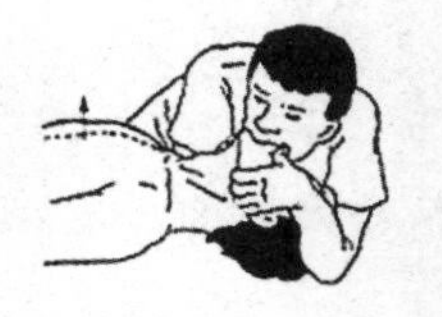

托颌体位时的口对口人工吹气

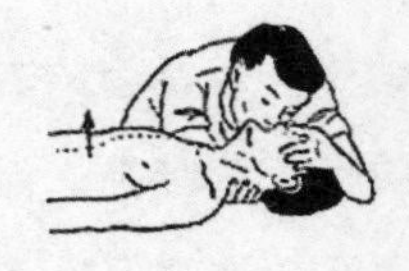

托颈体位时的口对口人工吹气

6. 经现场急救处理，在呼吸心跳恢复后，立即将落水者送往附近医院抢救治疗。在送医院途中随时观察呼吸情况，若不稳定，需再为落水者做人工呼吸和心脏按压，以防再出现意外。

游泳需小心，事先要热身。

水边去游玩，必须大人陪。

图 33：禁止游泳　　图 34：当心落水

图 35：当心滑跌　　图 36：严禁下池

图 37：当心溺水　　图 38：水深危险

第五章

高空高处要当心

小朋友，你有没有随手向楼下扔过东西或者爬过家里的阳台呢？你知道这些事情会带来多么严重的后果吗？先来看一看下面的漫画吧。

情景十：楼上经常丢东西下来，好几次我都差点被砸到，这该怎么办？

4 岁的小惠随爸爸妈妈从外地搬到城中村一间出租屋里。有一天，小惠和妈妈一起去买菜，经过村里一栋楼时，她突然“啊”地叫了一声，抱着头蹲下去了。妈妈还没反应过来发生了什么事，就看到一股鲜血从女儿捂着头的指缝中涌出来。原来，小惠被楼上抛下的一个玻璃罐子砸中了。妈妈马上将小惠送到附近医院救治。

据医生检查，小惠的头部被砸出了一个三角形的口子，缝了 5 针，暂时没有生命危险，但有没有脑震荡等后遗症还需进一步观察。

情景十一：我好想爬到高高的地方去玩，可以吗？

一天，罗女士在家里睡午觉，隐隐约约听到一阵阵孩子的哭声，持续了很久。她起来走到阳台想看看怎么回事，谁知道，对面一栋出租屋的 5 楼窗口上趴着一个四五岁的小男孩！他正一边哭着，一边试图把头探出窗外，眼看孩子半个身子都探出来了，下面就是人来人往的水泥街道。罗女士急忙一边拨打110报警求助，一边冷静地大声安抚对面的孩子。很快，在附近巡逻的警察破门而入，从屋内将孩子安全抱出。

情景十的高空抛玻璃罐子事件实在是太危险了，这可是人命关天的事情！事实上，高空抛物不仅仅是个人行为规范和道德素质问题，更是一个威胁市民“头顶安全”的社会问题。高空抛物的杀伤力究竟有多大呢？有数据表明：一颗拇指大的小石块，从4楼坠下时可能伤人头皮，而从25楼坠下时可能会让路人当场丧命！

情景十一中的小男孩真的是经历了一场惊心动魄的生死危机。对于流动儿童，家长因外出工作等原因无暇照看，可能会把他们独自留在家中，而且一些楼房外面是没有防盗网、防护栏的，稍有不慎就会引发类似的安全事故。孩子天性好动爱玩，对“外面的世界”充满兴趣，喜欢趴在窗前向外看，即便有防盗网、防护栏，也不见得安全。

情景测试

小朋友们，下面这些标志你们一定都认得吧？后面还有一些关于预防和应对高空危险的小技巧哦，让我们一起来看看吧！

图 39：__________

图 40：__________

图 41：__________

图 42：__________

图 43：__________

图 44：__________

图 45：________　　图 46：________

一、要避免遇到情景事例中的危险，你可以这样做：

1. 在室外的时候不要靠近有安全隐患的楼房和建筑工地。不要靠近外面悬挂很多物品的居民楼下，以免遇到高空抛物或者坠物，经过时要多加小心，快速通过；建筑工地也易发生高空坠物，要格外小心。看到标志图 40、图 44、图 45，一定要远离。

2. 在家中不要爬到阳台、窗台和梯子上。除非家里发生火灾等严重事故需向外求救，否则不要爬上窗台、阳台，不要站在阳台上向远处眺望，不要伸手去够阳台外面的东西，身体也不要过多地探出阳台，以免失去平衡，跌下楼去，造成伤亡；不要踩在凳子、花盆、纸箱

等不稳固的物体上，这样容易摔伤；更加不能在阳台上进行打闹、追逐或玩气球、放风筝等危险的游戏。

3. 做个不向窗外乱丢东西的好孩子。高空抛物是一种危害公共卫生与公共安全的行政违法行为，对路上行人有很大的杀伤力。

二、如果遭遇高空危险，你可以这样做：

1. 如果不慎遇到高空抛物，先检查自己是否受伤、哪里受伤，行动方便时，尽快联系家长就医；若行动不便，可大声呼救，引起路人注意。同时，一定要牢记事发地点，以便进行法律追责，维护自己的权益。

2. 如果不慎从高空坠落，在下落的过程中抓住沿途的物体，比如木板或橡板等大的东西，它能起到缓冲的作用，并帮身体分担压力。

一、为预防孩子遭遇高空危险，家长可以这样做：

1. 对孩子进行必要的安全教育，培养孩子的安全意识。平时要教育孩子外出玩耍时不要单独到高楼大厦的楼顶去，当看到标志图 39 时可以结合标志告诉孩子要当心坠落；也可以结合标志图 43 让孩子知道在高处不要随便跳下等。

2. 做好防护措施，以免孩子发生意外。家长要经常检查窗户和阳台，注意关好窗户或封好阳台；使用安全的产品和设施以防止儿童坠落伤害，如安装竖向排列的护栏、软性防护材料、隐形防盗网、防滑垫等；增加室内外照明，保证视线清晰，防止孩子摸黑踏空。

3. 不要让孩子单独靠近阳台等地方。在阳台门口加上围栏，使孩子无法单独通过。此外，绝对不可在阳台上、窗台下堆放可以垫脚的东西，以防孩子爬上去。

4. 带孩子外出时尽量远离危险的楼房。一些破旧或者窗台上放着花盆等重物的楼房很容易有坠物、落物，从而引发安全事故，伤及孩子。

二、当孩子遭遇高空危险时，家长可以采取以下措施：

当孩子遇上高空抛物事故时，首先应立刻把孩子送到医院进行救治，然后报警，用法律手段对高空抛物者进行警示和惩处。高空抛物是一件关乎社会公众安全的大事，切不可大事化小，小事化了，否则很有可能会使更多人遭殃。

三、当孩子在阳台、窗台、楼顶等发生摔伤等安全事故时，家长可以这样做：

1. 如果孩子从高处摔下来，身上磕青了或出现淤血时，不要急着给孩子揉，因为越揉淤血越严重。

2. 如果孩子摔下来后外伤严重，要先采取急救措施，然后细心保护送往医院。如胳膊不能动，或者不能走路了，那很可能是骨折。若怀疑孩子的脊椎骨断了，要先固定头部，把身体放平，迅速用木板抬到医院进行治疗；不能用抱的姿势，因为这样会使脊柱弯曲，抱的过程中颠簸振荡还会加重脊髓的损伤，而且头处于高位会加重脑缺血、缺氧。注意在送往医院的过程中要轻轻搬动，以免使内脏出血加重，或使受损的关节损伤加重。

3. 如果孩子是头朝下摔下来，要观察孩子有没有脸色发白、眼神发直、昏睡、呕吐等现象，如果有的话则可能是脑震荡或脑出血，应立刻就医。

4. 如果孩子摔伤的情况十分严重导致昏迷，家长一定要冷静，让孩子平卧在一块板上，头侧向一方，然后联系救护车。

5. 如果小孩从高处跌落后，没有外伤或其他症状出现，也最好去医院做详细检查，以防孩子有内伤。

需要特别注意的是，不管出现以上哪种情况，如果不懂现场救护，就不要轻易移动孩子，而应立即拨打 120

电话呼叫救护车，以便尽快送去医院进行紧急救治。

楼下少逗留，阳台不可爬。

时时多看管，平安一整家。

图 39：当心坠落

图 40：禁止抛物

图 41：禁止攀登

图 42：禁止伸出窗外

图 43：禁止跳下

图 44：当心落物

图 45：当心吊物

图 46：严禁翻越

第六章 食品安全多重视

小朋友，你在学校里度过了一段学习时光后，肚子是不是开始“咕咕”叫呀？学校门口那些花花绿绿的小食品，是不是很诱人？左一口，右一口，可算过足了嘴瘾！可是麻烦来了……

情景十二：我看见街道很多小食店、小吃摊在卖零食、小吃，我好想买来吃，行不行呢？

明明今年 10 岁，几年前和打工的父母一起进城。平时父母上班忙，明明总是自己在周围小食店或街边小摆摊买东西吃。这天，明明起床后到附近一家小店吃早餐，她买了 6 个玉米饺。可是，大概 10 点半时，明明开始头晕，眼睛也有点模糊了。妈妈回到家，见明明晕倒在地，立马把她送到医院。经过检查，确诊为食物中毒。

原来，问题出在明明早餐吃的饺子上。可能因为天气热，店家为了保鲜，加入过量的亚硝酸盐来防腐，以去除肉臭味和提亮肉色。该店老板和配料师傅当天就被拘留了。

情景十三：我在外面地上捡到的“食物”，能拿来吃吗？

2014 年 6 月 13 日 19 点左右，3 个误食毒种子的孩子被送到了淮滨县人民医院。经过紧急治疗，至当天 21 点，3 个孩子的情况基本好转。坐在病床边的孩子的奶奶

仍惊魂未定，她一再念叨："这都怨我、都怨我，太大意了。"原来，事发当日下午，她带着孙子、孙女3个孩子到地里干活。"谁知他们玩到了旁边的花生地里，当时我也没在意。过了一会儿，我转身一看，小娜娜正往嘴里送我用农药泡过的花生，当时我就吓坏了。"儿子、儿媳都在外地打工，于是她就急忙叫孩子爷爷回家。两个老人在邻居的帮助下把3个孩子送进了医院，幸好抢救及时，才没有酿成无可挽回的悲剧。

情景十二中，明明因为吃了加了有害添加剂的食物而住院。其实，城中村里、学校门口等地方都有一些零食店、小吃摊，卖着各式各样五颜六色的零食、酸甜咸辣的小吃，由于价格低廉，口味丰富，很多孩子都受诱惑；而有些流动儿童，因为父母无暇照顾，每天几乎把这些小吃摊当饭堂了。但是，这些零食店卖的零食很多都是没有生产厂家、没有生产日期和没有质量合格证的"三无产品"；这些小吃摊很多也没有卫生许可证，卫生条件不合格。儿童若长期吃这些"三无"零食或小吃，身体健康一定会受影响，严重的还会发生食物中毒。

情景十三中，小孩子天性好奇，对外界事物缺乏判断力和自制力，很容易受到诱惑。从玩具零件、纽扣、电池、笔帽、图钉到老鼠药、化妆品、清洁剂、驱蚊片、药品，甚至是农药、硫酸、强碱等化学物，稍一疏忽，就可能被孩子吞服，从而导致身体伤残甚至生命危险。

小朋友，面对各种看起来很诱人的食品，你能忍得住吗？下面这些标志，可以帮助你吃到可口又健康的美食哦，快点和爸爸妈妈一起学学吧！答案稍后揭晓哦。

图 47：__________

图 48：__________

图 49：__________

图 50：__________

一、当你肚子饿得“咕咕”叫时，你千万要注意：

1. 街道上的小食店、流动摊位是否有营业许可证，没有的话就不要吃，到值得信赖的餐馆就餐。

2. 路上捡到的食物不仅不卫生，还可能含有有害物质，千万不要吃。

3. 在超市选购的食物包装上有没有图 48、图 49、图 50 所示的标志？如果没有，要请大人来帮你判断这种食物是否合格。

4. 冰箱里的食物闻起来是否有异味、看起来是否变了颜色？吃下它们之前先请父母帮你检查一下。

5. 你接触食物的手是否干净？卫生可口的食物真好吃，可别让手上的细菌破坏了你的美餐。

二、当你吃完东西觉得不舒服时，你可以这样做：

1. 如果家长在家，应立刻告知他们，详细地将自己在哪里、吃过什么东西讲清楚。

2. 如果自己一人在家，可以请邻居帮忙、打电话找父母，或者向120急救电话求救，千万不要忍着。若实在头晕肚痛，尽力走出屋子，到别人看得到你的地方求救。

一、预防孩子吃坏肚子，家长可采取以下措施：

1. 培养孩子的食品安全意识。细心呵护孩子平日的饮食，若在外吃饭，尽量选择正规的饭店；当孩子想要尝试不健康的小食品时，拒绝他的同时告诉他为什么；家里的农药等化学用品，明确告诉孩子不要食用。逐渐帮助孩子形成区分安全食物与不安全食物的意识。

2. 买合格、健康的食品。购物时看好商标、出厂日期、有效期和合格证，不买没有生产厂家、没有生产日期、没有质量合格证的“三无”产品。图48、图49、图50都可以帮助你判断食物是否安全。

3. 家里东西做好分类。食物归食物放，用品归用品放，有毒液有害的化学品一定要单独放置并告知孩子。例如，药品和家用清洁剂等放在儿童不易拿到的地方或上锁的抽屉中；选用儿童不易打开的器皿来存放药品或化学用品；等等。

4. 和孩子一起学习食物安全方面的知识。比如怎样

挑选健康新鲜的食材；不同食品分别要在什么条件下储存；哪些食材不能搭配食用；等等。

5. 呵护好孩子的肠胃，增强孩子抵抗力。

二、孩子一般食物中毒，家长可采取以下救治措施：

食物中的有毒物质在口腔、食道、胃内吸收比较少，在小肠内吸收比较多。因此，一旦出现食物中毒的症状，应立即将中毒者送往医院进行治疗，同时让他大量喝水以稀释毒素。到达医院后，患者应在医生的指导下进行催吐、洗胃、灌肠、导泄，以彻底排毒。

三、孩子强毒物中毒，家长可采取以下救治措施：

1. 一般情况下，应尽量清除体内毒物。可让孩子喝温水或淡盐水，用清洁的手指、筷子、汤匙等压迫、刺激他的舌根，令其呕吐。尽快送医院救治的同时，带上所误服的药物或毒物，或者用塑料袋装好呕吐物或排泄物，供化验使用。

但是若误食的是强酸、强碱，千万不能催吐，可喝牛奶、豆浆、鸡蛋清等，以减少化学物质给食道带来的损伤。

2. 如果皮肤接触到一般家用化学用品，可用水冲 15 分钟左右；但如果误服硫酸，则不能用水清洗，也不能催吐，因硫酸遇水会放出大量热能，只能用干布擦，并立即送医就诊。

3. 尽快把孩子送往医院救治。

安全口诀

放学莫贪玩，零食不嘴馋。

细菌像悟空，腹中闹翻天。

（口诀来源：《安全盾牌术》，彭官友编）

图 47：禁止饮用　　图 48：安全饮品

图 49：绿色食品　　图 50：质量安全

第七章

在家谨防“火老虎”

我们都知道，小朋友千万不能玩火。那你知道平时应该怎样预防火灾吗？如果不幸在家中遇到火灾，我们应该如何逃生呢？

情景十四：打火机好神奇，我也想玩一下，可以吗？

新新今年 10 岁了，爸爸妈妈外出打工，家里经常只有爷爷和他两个人。一天中午，爷爷在厨房准备午饭，突然，新新带着一身火苗哭喊着从卧室跑出来，爷爷赶紧用水将新新身上的火浇灭。这时，邻居闻声赶来，大家合力将卧室的火扑灭，这才发现床上有一只被烧黑的打火机。原来，新新在床上玩打火机，引燃了自己的衣服和蚊帐。

情景十五：爸爸妈妈都出去了，把孩子锁在家里，可是家里起火了怎么办？

城中村里有一对外来务工夫妇，他们靠在街头卖小食为生，身边带着两个小孩，女儿 9 岁，儿子 6 岁。一天晚上，夫妻二人吃过饭后就出门摆摊去了，将小孩关在房子里玩。出门前，母亲担心小孩出门乱跑，就将铁门反锁了。

谁知，父母走后，两个小孩在屋里烧纸片玩火，不慎将屋内杂物引燃。火势越来越大，两个小孩试图往外跑，但门被锁上了；想爬窗户，但窗户装了防盗网。由

于出租屋所处位置比较偏僻，平时经过的人不多。直到晚上 9 点才有人发现房子在冒烟，于是赶紧报警。而此时离事发时间已过去一个多小时，两个孩子因没能逃出房间而葬身火海。

据统计，10% 的火灾是儿童玩火引起的。儿童正处于活泼好动的年龄，好奇心强，喜欢探知一切对他们来说新奇的事物，比如在床上玩打火机，学大人用煤气做饭，学大人抽烟等。他们无法分清危险与好奇的界线，在大人疏于看管的情况下，很容易引发火灾。儿童面对突发性火灾也缺乏应变和自救的能力，于是往往成为火灾的直接受害者。情景十四中新新就是在爷爷没有留意的情况下在床上玩打火机，导致了火灾的发生。小朋友们一定要引以为戒啊！

广州有许多城中村，外来务工者多居住在这里。有些城中村出租屋密集，消防设施又不到位，一旦发生火灾，后果不堪设想。一些外来务工者的小孩，父母把他们带来城里，然而又因忙于生计无暇照看，外出工作时就把孩子反锁在家中。情景十五中的事故就是在这种情况下发生的。如果疏于防范，让孩子接触到火种，家里又没有大人，很容易就会出现事故，酿成惨剧。

情景测试

不知道小朋友们对下面的标志了解多少呢？快来通过下面的测试，了解如何防范和应对火灾吧！

图 51：＿＿＿＿＿＿

图 52：＿＿＿＿＿＿

图 53：＿＿＿＿＿＿

图 54：＿＿＿＿＿＿

图 55：＿＿＿＿＿＿

图 56：＿＿＿＿＿＿

一、为预防“火老虎”，你可以这样做：

1. 不要在家中玩火柴、打火机、蜡烛等引火物品；不能用火来烧东西，不能擅自用火点蚊香、蜡烛等易燃物品。与其他小朋友一起玩耍时也不要参与玩火，发现有小孩子玩火，立刻善意地提醒或者向大人请求帮助。

2. 了解你居住楼房的布局，要特别注意标志图 54，万一出现意外，沿着绿色标志指引迅速撤离。

3. 学会使用简单的消防器材。要注意的是，一旦发现火焰有蔓延的趋势，逃出去才是你的第一选择。

二、当“火老虎”出现时，你可以这样做：

1. 牢记火警报警电话 119。电话接通后，讲清着火的地址（包括路名、街道、巷名、门牌号），冷静地回答“119”总机台通信人员的提问。

2. 迅速逃离火场。用湿衣物裹住门把手，再拉开门跑出去，不要直接用手拉门，以防被烧伤。逃跑前先确定逃生路线，然后把床单、毛毯浸湿盖在身上，再迅速穿越火场，走到安全地带。

3. 如果身上着火了，千万不要乱跑，要记住越跑火就会越旺，一旦跑动，不仅不能灭火，反而还将火种带到别的地方，扩大火势。可以用水浇灭火焰，或者就地打滚。但如果身体已被烧伤，而且创面皮肤已烧破或者烧伤面积较大，不要直接将伤患处泡入水中，这样很容易感染。

4. 如果被困在屋子里，不要盲目往窗口跳楼逃生。

首先，保护好自己的口鼻。用湿口罩或湿毛巾捂住，同时身体尽量贴近地面爬行，以防被烟雾呛到。因为烟雾多浮于上层，贴近地面的位置相对较少。

其次，选择一个暂时相对安全的地方。比如卫生间，可用毛巾紧塞门缝，把水泼在地上降温，如果有浴缸，也可躺在有水的浴缸里暂时躲避。

此外，不要忘记求救。可以大声呼救，或敲打脸盆、铁锅等能发生尖锐响声的东西，让左邻右舍听到；还可以在窗外挂出醒目的东西，比如颜色鲜艳的衣服；或者打开手电筒，引起路人的注意。

一、在日常生活中，为有效预防火灾的发生，家长可以这样做：

1. 培养孩子的用火安全意识，家长可与孩子互相监

督。家长要明确告诉孩子火柴、打火机这些东西属于危险品，不能随意拿来玩；要明确告诉孩子窗帘、床单、木制家具、纸等都是易燃物，当不可避免地使用燃烧物时，比如燃烧型蚊香，一定要远离这些物品。

2. 消除安全隐患，并配备灭火器和逃生器材。不要在家里堆放大量可燃物，火柴、打火机等引火物要妥善收好，放在孩子拿不到的地方，避免孩子因好奇而拿来玩。外出时要关好液化气总开关，可以将孩子托付给值得信赖的人照看，最好不要将孩子单独留在家中。如果看到标志图 53，可以结合标志告诉孩子这里严禁烟火。教孩子学会使用一些简单的消防器材。同时告诫孩子，不要轻易动用这些消防器材。

3. 避免孩子因好奇而模仿。家长应注意自己的行为，不要在孩子面前玩打火机、卧床吸烟、随手乱扔烟头，养成烟蒂完全掐灭后，再放进烟灰缸的习惯。

4. 帮助孩子了解居住房间周围的环境，让孩子熟悉消防安全通道。

二、当不幸遭遇火灾时，家长可进行以下急救：

1. 如果是一般物品如纸张、被子、胶皮等着火，可迅速用水浇灭，也可以用浸湿的被子、拖把、衣服等扑灭。但要注意在外面遭遇火灾时，如果看到标志图 52，千万不要直接用水灭火，否则可能会适得其反。

2. 如果是衣服被焰火烧着，要让孩子躺下并在地上滚动，以灭掉身上的火。切记不要用灭火器直接向着火的人身上喷射，因为多数灭火器的药剂会引起烧伤的创口感染。事后立即送孩子到医院进行清创处理，以防引起细菌感染，伤口处留下后患。

3. 被救离现场后，如果孩子不省人事但仍有呼吸，可以置其身体成复原卧式；如果伤者呼吸困难，应尽快进行人工呼吸，随后立即打“120”报警电话叫救护车。

遇火要冷静，湿巾护口鼻。
弯腰避烟毒，防烟靠隔离。

图 51：禁止燃放烟花爆竹　图 52：禁止用水灭火
图 53：禁止烟火　图 54：紧急出口
图 55：当心火灾　图 56：灭火器

第八章 家中用电莫大意

小朋友，你平常有没有用过家里的电器呢？你知道使用厨浴用具和其他电器时要注意哪些安全常识吗？

情景十六：电源插座上面有一个个小孔，我能伸手进去戳一戳吗？

一年前，珍珍的父母带着她和爷爷一起搬到城里，一家人在城中村租了套房子，日子过得和和乐乐。这天，珍珍的父母照常外出上班，留下爷爷在家里照看珍珍。吃过午饭后，爷爷在房间里睡觉，突然听到客厅传来一声尖叫，他赶紧跑进客厅，只见珍珍直挺挺地躺在地上，脸色发紫，旁边还有一块接线板。爷爷赶紧抱着珍珍到附近的社区医院，但赶到时，医生说孩子早就没有心跳了。原来珍珍拿着接线板玩耍，看到上面一个个小孔，忍不住把手伸进去捣弄，结果瞬间触电身亡。

情景十七：妈妈总是用电热棒烧水，我很好奇，可以拿来看一看吗？

玲玲一家来自外地，爸爸是建筑工人，妈妈在家照顾 9 岁的玲玲和 12 岁的明明。4 月 4 日这天，正好是清明节假期，玲玲和哥哥都放假在家。下午 3 点多，妈妈拿出电热棒，准备给姐弟俩烧水洗澡。这时，手机响了，

妈妈接了电话匆匆出门。当时，玲玲和哥哥在玩游戏，忽然瞥到桌上的电热棒。两人对这个东西一直很好奇，终于有机会试一试了，于是玲玲学着妈妈的样子给电热棒通上电源，明明赶忙去卫生间接水。谁知，兄妹俩手忙脚乱地烧水时，玲玲脚下一滑，撞翻了水桶，腿被严重烫伤。

其实每个孩子都有很强的好奇心，行动力往往也超出大人的想象。他们经常会忍不住去摸一摸、动一动家里的电器、电源插座等，想知道为什么插上电线板，电器就运转了。有些小孩还会用钥匙、镊子等金属器具插进插座的双孔里，这些都是十分危险的行为，很容易导致触电身亡。

而情景十七中出现的电热棒，是许多家庭中常见的电器用品，虽小巧方便，但因其功率大、质量把控不严、加热体裸露、散热慢等，也存在着许多安全隐患。

小朋友们，你们认识下面的标志吗？你知道使用家用电器的时候有哪些注意事项和小技巧吗？一起来学一学吧！

图 57：________　　图 58：________

图 59：________　　图 60：________

为了使用电器的安全，你可以这样做：

1. 不要单独使用电器。电器的操作并不是简单的插、

拔插头而已，还需要具备一定的用电常识，务必请家长帮忙操作；如果电器发生故障，一定要请专业的电工进行维修，千万不要自己动手修理。

2. 学习掌握正确使用电器的方法。例如面对电风扇吹风时，要保持足够的距离，特别是长头发的女孩子，更要离远一点，避免头发被绞进电风扇；洗手后，要把手擦干才能去插或拔插头，插拔电源插头时不要用力拉拽电线，以防止电线的绝缘层受损造成触电等。

3. 学习一些危险发生时的应急措施。如果看到电器着火，记住不要用水灭火，也不能用手去抓开关、电线等，首先应立即切断总电源。然后，如果火势不大，可用家里的被子、毯子等捂住着火处，阻断氧气供给，让火熄灭；如果火势迅猛，要远离火场，马上到门外喊人，或者迅速拨打 119 报警求救。

一、在日常生活中预防危险的发生，家长可以这样做：

1. 教给孩子一些用电常识，培养他们的安全意识。例如导电物体有哪些——铁、铜等金属做的别针、钉子以及水等，千万不要用这些东西去接触电器；告诉他们触电会有什么危险——轻微的触电会让人肌肉抽动、全身发麻，而严重的触电会把人烧伤甚至导致死亡，所以要注意防止触电，特别是在看到标志图 57 时就说明此处强电，千万不要靠近等。

2. 教导孩子正确使用电器。以电风扇为例，告诉孩子，不能去碰正在转动的电风扇，更不能把手或物品伸进电风扇里。可以给孩子做一个形象直白的示范：拿一根芹菜，当电扇转动时往里插，让孩子亲眼看到芹菜当场被切断，以此提醒孩子记住不要把手指伸进电风扇里。

3. 做好防范措施，在孩子还不知道怎样正确操作的时候，不要让他单独接触、使用电器。平常不用的插座套上儿童防触电插座套，或使用儿童安全插座；尽量把电吹风、电风扇等小电器放到孩子够不到的地方，用完及时收好，避免孩子因贪玩而碰到。

4. 购买质量有保证的电器。家用电器关乎生命安全，购买质量有保证的电器可以减低因使用劣质电器而引发的事故，从而防止孩子受到伤害。

5. 家长自己更要注意正确安装和使用电器。安装家用电器时，要注意电器的使用环境，不要将家用电器安装在潮湿、有热源、多灰尘、有易燃和腐蚀性气体的环境中，否则很有可能会引发事故。使用家用电器时，要用完整可靠的电源线的插头，不要用双脚插头、插座代替三脚插头、插座，一个电源插座上不要插满各式各样

的电器，以防超过电源插座的负荷。

6. 可以为电器装上防护装置。比如电风扇安全防护网，可以罩在电风扇上，防止小孩把手伸进去，减少伤及孩子的可能性。

7. 经常检查，消除隐患。经常留意家里电器、插头等有无漏电现象，一般可用验电笔在墙壁、地板、设备外壳上进行测试，从而预防触电事故的发生。

二、当孩子使用电器不慎触电时，家长可以采取以下紧急措施：

1. 首先要立刻使孩子脱离电源。家长应马上把插头拔脱或拉下总电源开关；如果总电源开关距离较远，可利用竹竿、木棒等绝缘体将电线挑断。如果孩子身上的衣服是干的，可以用一些干衣服等将自己的手严实包裹，然后用包裹的手拉孩子干燥的衣服，把孩子拖离电源。这时不能接触触电孩子的皮肤，也不能抓他的鞋。切记：孩子未脱离电源前家长不能用手直接去拉孩子，因为这时孩子是带电的导体，直接拉会让自己也触电。

2. 孩子脱离电源后，家长应根据孩子的不同生理反应进行现场急救。

第一，如果孩子神志不清，马上检查孩子的呼吸，必要时立即进行人工呼吸。如果脉搏消失或心跳停止，就立即做心脏按压。人工呼吸每分钟可为 18~25 次，心脏按压为每分钟 80~100 次。频率基本为：人工呼吸 1 次，心脏按压 4 次。

第二，检查孩子的烧伤情况，查看孩子身体接触电源以及地面的两个部分，看是否发红或肿起。

第三，及时拨打 120 急救电话，等待医生到来。

电器很危险，伤人看不见。

不要乱触摸，切勿闹着玩。

图 57：当心触电

图 58：高压电禁止靠近

图 59：禁止私接电器

图 60：禁止开启无线移动通信设备

下编　心理安全

第九章

受人嘲笑树信心

小明的口音被同学们嘲笑，他再也不想在课堂上回答问题了。你曾遇到过和小明一样的烦恼吗？如果是你，你会怎么做呢？

情景十八：同学们都嘲笑我的家乡口音，我害怕上学。我该怎么办呢？

来到陌生的城市，小明的心情很兴奋，因为终于可以跟朝思暮想的爸爸妈妈一起生活了。但是上学没几天，原本开朗活泼的小明却越来越沉默。一天晚上，小明对爸爸说："爸爸，我不想上学了。""为什么？"爸爸很惊讶。小明向爸爸倾诉了自己的烦恼。原来他那浓重的乡音成了同学们嘲笑的对象。如果课堂上被老师点名回答问题，小明就紧张得手心冒汗，张口结舌，他害怕听到教室里爆发出的笑声。所以他越来越讨厌上课甚至不想去学校了。

情景十九：和城市的同学们相比，我像一只丑小鸭。我该怎么做，才能更自信呢？

跟着打工的父母来到广州，莹莹觉得一切都是那么的新鲜。虽然在新学校里，她读书很努力，但她发现很多同学还是因为各种各样的原因瞧不起她。她的穿着、见识统统成了同学们的笑料。

“哈哈，你的衣服配色太难看了，一股浓浓的乡土风嘛。”

“什么，你连这个都不知道？真土，你该不会以为苹果 7 是论斤卖的吧？”

……

每当这种时候，莹莹都想伤心地大哭一场。“妈妈，我们回家好不好，我们不属于这里。”莹莹哭着说。

听了莹莹的话，妈妈沉默了。

在学校里被人看不起，受到嘲笑，是许多跟随父母到城市读书的孩子曾有过的经历。这很容易让孩子产生自卑和厌学的心理。

情景十八中，小明因自己的家乡口音受到了同学的嘲笑，从原本的开朗活泼变得沉默自卑。情景十九中，莹莹学习很努力，但还是没有得到大家的认同，她因此产生了自暴自弃的想法。

自卑是指一个人严重缺乏自信，他们常常认为自己在某些方面或各个方面都不如别人，常用自己的短处和别人的长处相比，具体体现在遇事不相信自己的能力，办起事来思前想后，总怕把事情办错被人讥笑，且缺乏毅力，遇到困难畏缩不前。如果我们因为受人嘲笑而被自卑心理所笼罩，那我们的聪明才智就很难正常地发挥出来，本来可以做好的事情也会因为胆怯而放弃或失败。

小朋友，以下的情形哪些属于自卑的表现呢？请把它们勾选出来。答完后可以与测试答案对照一下哦！

1. 觉得自己身上没有优点。

2. 觉得父母很爱自己。

3. 被别人嘲笑时，觉得自己真是差劲。

4. 做事总是拿不定主意。

5. 不愿在他人面前表现自己，比如不敢开口唱歌，不敢在大家面前说话。

6. 遇到问题不敢问老师和同学，怕他们笑话。

7. 即使被人取笑，仍然觉得自己很优秀。

8. 感觉自己在城市里就像情景十九中的莹莹一样，是一只不被人喜欢的丑小鸭。

9. 说话时不敢正视对方的眼睛，表达自己的意愿时也是含含糊糊。

10. 觉得自己聪明可爱，人见人爱，花见花开。

一、当你因受到同学的嘲笑而感到不自信时，你可以这样做：

1. 多跟同学交流。不要怕撞墙，想克服自己的弱点就要大胆。你可以向同学请教正确的发音，慢慢纠正和改变自己的口音。

2. 改变形象。说话吞吞吐吐、走路畏缩也是自卑的表现哦，所以心理自卑的小朋友可以从改变外在形象开始。穿整洁大方的服装，讲话爽快，走路昂首阔步，这些都是让心态变得积极、克服自卑心理的好方法。

3. 语言暗示。用一句鼓舞斗志的话作为自己的座右铭，每天上学之前都念上几遍，在语言暗示后再满怀信心地去上学。据国外最近的实验显示，人在举重的时候如果大声喊叫，就能多使出 15% 的力量，举起更重的杠铃。所以语言的力量是强大的。积极的语言能使人产生积极的情绪，改变消极的心态。

二、当你因无法适应新环境而感到无助的时候，你可以这样做：

1. 主动帮助、关心别人，有助于你融入新的环境。大方地展现自己的魅力，比如对人友好，让对方愿意跟你交朋友，愿意在生活上学习上帮助你。

2. 主动认识不同的朋友，开拓眼界，学会分享。了解同学们关心的话题，真真正正地进入新的环境、新的伙伴圈子。多读书，多与人交流，丰富自己的知识，不仅与同学朋友聊天时可以有更多话题，而且吸收更多养分，有助于提升你解决困难的能力。

三、给孩子的心灵成长宝典：

◆行动是治愈恐惧的良药，而犹豫拖延将不断滋养恐惧。

◆如果我们想要更多的玫瑰花，就必须种植更多的玫瑰树。

◆愿你像那石灰，别人越是浇你冷水，你越是沸腾。

一、当孩子因为初来乍到而对新环境不适应时，家长可以这样做：

1. 关爱孩子，关心他的心理健康，给予孩子更多的陪

伴。与成人相比，孩子的内心更为敏感和脆弱，非常在意别人的看法，情绪很容易受到外界环境的影响，如果产生自卑的心理，其身心发展及交往能力将受到严重的束缚。当孩子在新的环境里感到迷茫困惑的时候，家长要陪伴他理解他，倾听他的烦恼，让孩子的心灵在正确呵护下健康成长！

2. 为孩子营造一个完整、安全、温暖的家庭环境，这种环境可以让孩子有心理上的安全感。流动儿童在城市中会面临来自不同文化及社区、家庭、学校和朋辈的多重困境，父母（或其他家庭成员）的关爱、支持与信任有助于儿童渡过难关。

3. 与孩子亲近但不要过度保护，应该鼓励孩子和同龄人一起生活、学习、玩耍，这样才能学会与人相处的方法。家长可以从与人打招呼、礼貌待人、友善言谈、分享玩具物品或经验、入乡随俗等方面指导孩子，引导他适应社交活动，建立融洽的人际关系，发展健康的性格特质。

4. 积极融入城市，成为孩子的榜样。父母的过客心理会影响到孩子，使孩子对自己所在的城市、社区缺少归属感。因此父母首先自己应多参加本地文化活动，多结识本地朋友，把自己当作新市民而不是过客。

5. 周末或空闲时间多带孩子出去玩，或者参加社区、学校、公益机构组织的各种亲子活动。这样的亲子活动不仅是增进亲子情感的法宝，同时也增加了孩子对城市的了解和归属感，使其能更有自信地面对新环境。

二、当孩子由于受到嘲笑而感到自卑压抑时，家长可以这样做：

1. 父母要不断支持与正面鼓励儿童的主见，给予他们明确表达自己意见的权利和勇气。看到孩子自卑，不要简单地批评他胆小，因为批评会使他更胆小，要耐心地引导和教育孩子对自己进行积极、正确、客观的评价，并且认识到任何人都有自己的长处，也都会有短处或不足。

2. 不要将自身的自卑情绪传递给孩子。自卑是后天形成的一种情绪，如果父母遇事总说“我不行”，孩子不但会模仿父母的这种处世态度，还会认为“父母都不行，我就更不行了”。

3. 不要用过高的期望给孩子制造压力，诸如“爸爸妈妈没用，你要有出息，这个家以后就靠你了”，这些话会给孩子造成无形的压力；孩子会因为无法达到父母的要求而对自己的能力产生怀疑，逐渐失去自信，变得自卑。

三、给家长的教育宝典：

◆陪伴是父母给予孩子的最好礼物。

◆我们看着孩子的眼睛，说出自己最想说、最应该经常说的鼓励的话语，它能够直抵孩子的心灵，成为最重要的精神食粮。

帮助小贴士：

广州市妇联与广州市文明办组织开展了致力于帮助流动留守儿童及其父母融入广州生活的系列活动。关注广州市妇联发布的信息，在广州的流动儿童及父母都有机会免费参加这些活动。

受人嘲笑莫在意，多交朋友多互动。

亲子交流最重要，树立信心渡难关。

【1 3 4 5 6 8 9】

这七种行为都是自卑的表现。你答对了吗？

第十章 遇到困难我不慌

考试成绩不理想被父母责骂怎么办？离家出走还是勇敢面对？下面的漫画告诉我们，遇到困难的时候，逃避可不是个好办法哦！

情景二十：我再也不想去上学了。

悠悠的爸爸妈妈在她很小的时候就离家外出打工了，她是跟着爷爷奶奶长大的。现在父母费尽辛苦，终于把悠悠接到城里来上学了。悠悠知道父母对她寄予厚望，她也想在新的学校里好好表现自己，所以学习特别刻苦。

但是由于悠悠家乡小学的教学质量无法与城里相比，所以悠悠的学习基础比较差。期末考试成绩出来，悠悠还是不及格。看着那刺眼的59分，悠悠哭了。老师和同学看她的目光充满了鄙视，老师骂她笨，同学嘲笑她。悠悠伤心地给妈妈留了张纸条就离家出走了。妈妈和老师都急坏了，她们开始反省自己的教育方式太过简单粗暴。流浪在外的悠悠孤独无助，沮丧极了。好心的警察叔叔把悠悠带到了心理辅导中心，悠悠在心理辅导老师的帮助下，找回了战胜困难的勇气。

情景二十一：找不到回家的路了，怎么办？

豆豆一直在老家生活，上个月刚刚来到城市里上学。父母工作很忙，没有时间接送豆豆。一天下午放学后，豆豆因为对路况不熟，走错了方向，结果迷路了。他越走越远，从下午 5 点钟直到晚上 7 点都找不到回家的路，看到天已经黑了，豆豆又紧张又害怕，蹲在路边大哭起来。哭累了，豆豆决定想办法。妈妈告诉过他家里的地址和电话，他牢牢地记住了，他想找人问路，可是该问谁呢？妈妈说过不要轻易相信陌生人。豆豆看到路边的保安亭，于是他走到保安亭，请里面的叔叔帮他打了个电话给妈妈。妈妈按照叔叔所说的地址赶来，才把豆豆接回了家。

情景二十中的悠悠是个勤奋努力的孩子，但是由于种种原因，她暂时没有考出好成绩。伤心的悠悠离家出走。情景二十一中的豆豆由于迷路而不知所措，他也碰到了困难，他不知怎么办，急得哭了。

小朋友们想一想，离家出走能够让悠悠走出困境吗？豆豆的眼泪能带他回家吗？如果是你的话，你会怎么做呢？我们遇到了困难，有时会心慌、紧张，甚至害怕，这是正常的生理反应，但我们应该明白：心慌、紧张、

害怕不能帮助我们解决困难，甚至还可能使事情更糟。

所以我们首先要冷静下来，勇敢地告诉自己："我可以解决这个困难。"然后积极开动脑筋找办法。如果问题解决了，就告诉自己："其实我也很能干。"实在解决不了的，就请别人帮助。能解决困难的孩子是个勇敢的孩子。

情景测试

小朋友，遇到困难该怎么做呢？请把正确的做法勾选出来。答完后再与答案对照一下，看看你的选择对不对。

1. 生气抱怨。

2. 不做就不会失败，所以还是逃避好了。

3. 拖延着不解决。

4. 对自己说"我害怕，我不敢"。

5. 对于自己不擅长的、做不好的事，能躲就躲，能逃就逃。

6. 心情变坏，直接放弃。

7. 加倍努力，不断增强战胜困难的本领。

8. 不愿意向别人求助，因为害怕丢脸。

9. 为自己树立一个学习的榜样，面对困难时用榜样的力量来激励自己。

10. 把自己做过的最有成就的事都记下来，遇到困难时就翻看记录，并对自己说："我做得到！"

一、当你遇到困难时，你可以这样做：

1. 对待困难，记住三个字：不要怕！困难像弹簧，你弱它便强。做任何事情，最大的困难是战胜自己，将事情坚持不懈地做下去。比如，学习知识，哪一科学不好，从预习、听课、复习、演练、归纳总结、方法等各个环节查找原因，想尽办法学好它。自己实在解决不了时，也可以寻求帮助。

2. 寻求帮助。把自己内心的困惑向父母或者老师诉说，听听长辈的意见和建议，积极获得帮助。

3. 主动培养自己的社交能力。如乘车时自己买票；出门时主动问路；有客人来访时主动递茶闲聊；同学来了，充当主人，不用父母包办代替等。日积月累，你的社会交往能力必定会随着实践的增多而逐步提高。有了一定的社交能力，遇到困难时也能够自己解决。就像情

景二十一中的豆豆，主动向保安亭的叔叔求助，便解决了问题。

4. 把困难的大目标分解成一个一个的小目标，小目标比较容易达成，当小目标一个个达成时，最后大目标也会达成。目标的达成会让自己信心倍增。

5. 为自己树立一个正面的榜样，奋力向他学习吧！用榜样的力量时刻激励自己，比如，“你看，他已经这么优秀，还这么勤奋这么努力，所以你一定不可以偷懒。”

二、当你遇到挫折和失败时，你可以这样做：

1. 转移情绪，不要自责。做错事或者做事失败，就像下棋走错步一样，是不可避免的。我们当然应该从中汲取教训，但不要一味自责，最好是做一些自己喜欢的事放松心情，可以通过写作、绘画、听音乐、跳舞、做运动等方式，调节情绪，提升自信心。

2. 宣泄情绪，摆脱压力。当你受挫的时候，不妨找朋友谈谈心，或者向父母及亲近的长辈倾诉，让自己的坏情绪得到排解，而且他们还可以帮你一起找到解决问题的办法。

3. 给自己积极的自我暗示。每天早上醒来或晚上入睡前，都尝试用积极的语言暗示自己。

4. 心理咨询，寻求帮助。当我们遭遇到挫折不知所

措时，可以求助于学校的心理辅导老师，他们有很多方法帮助我们建立信心，走出沮丧和失落的悲观情绪。就像情景二十中的悠悠，在心理辅导老师的帮助下，她变得乐观自信，心里充满阳光。

三、给孩子的心灵成长宝典：

◆先相信你自己，然后别人才会相信你。

——（俄）屠格涅夫

◆当你感到有恐惧和疑虑时，就如同面临一条拦路的小河沟，其实你抬腿就可以跳过去，就那么简单。在许多困难面前，人需要的，只是那一抬腿的勇气。

◆拥有逆境，便拥有一次创造奇迹的机会。

◆越努力，越幸运。

家长可以这样做

一、帮助孩子增强遇到困难、挫折时的信心，家长可以这样做：

1. 平时不要溺爱孩子。对于流动留守儿童来说，无论是爷爷奶奶的无原则溺爱，还是父母补偿心理下的溺爱，都会害了孩子。在这种环境中成长的孩子，受不得一点的委屈和挫折，稍不顺心就会哭闹不停或是自暴自弃。

2. 溺爱要不得，一味批评，把教育变成命令、教训或训斥同样要不得。父母要多鼓励孩子，避免动不动就批评孩子。对孩子来说，由于害怕被责骂，遇到困难时就干脆选择逃避，等待麻烦自动消失。

3. 过分夸奖要不得。夸奖可以培养孩子的自信心，但如果过分夸奖，就会让孩子变得自负。一旦遇到挫折，很容易导致郁闷、丧失自信而变得自卑。

4. 平时注意培养孩子面对挫折的心理承受能力。父母在平时应有意识为孩子创设挫折情境，为孩子打下勇于面对困难的预防针，让他获得应对挫折的适应能力。有些家长不愿意看到孩子失败，和孩子游戏、竞赛时，总是想尽办法让孩子赢。其实，这样做只会使孩子变得只能赢不能输，对日后的成长没有帮助。平时家长可以有意识地让孩子负责去做某件有难度的事情等，但要注意，难度要适中，让孩子跳一跳就够得到，否则屡次失败，容易引起孩子的自卑情绪。

二、当孩子遇到挫折而情绪低落时，家长可以这样做：

1. 在孩子遇到困难退却、逃避的时候可以有一些批评，以提高孩子的心理承受能力，但要注意尊重孩子，保护孩子的自尊心，不要当着别人的面或者在公众场合批评、嘲笑孩子。批评孩子时对事不对人，及时批评，当发现孩子做错了事应立刻纠正，不要等事情过了一段时间再提出来。

2. 孩子在遇到挫折和失败时，往往会产生消极情绪，表现出畏缩、退却、逃避等行为，家长可以给予孩子适当的鼓励，给他们面对挫折的勇气，同时引导孩子认识到挫折本身并不可怕，最重要的是要敢于面对挫折。

3. 可以安排孩子上兴趣班，尽量抽时间带他去进行体育活动。体育活动和课外兴趣有助于帮助孩子建立自信心，找到更多的快乐。

三、给家长的教育宝典：

◆不对孩子的失败表示瞧不起，并对孩子说："我也不会干这个。"

◆不能因孩子犯错误而戏弄他。

◆从来不对孩子说，他比别的孩子差。

帮助小贴士：

12355 广州青少年维权和心理咨询热线为广大青少年、家长提供 "来电必答、留言必回、求助必复" 的热线服务，主要倾听青少年心声、解答青少年困惑、维护青少年权益、陪伴青少年成长，为青少年化解各种成长的烦恼。

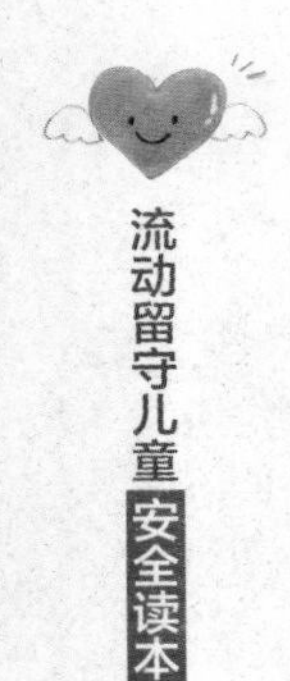

遇到困难不要慌，静下心来想办法。

遇到挫折不要怕，相信你能克服它。

【7　9　10】

第 7、第 9、第 10 条的做法是非常棒的，其他的做法是逃避困难的表现。你答对了吗?

第十一章

心有烦恼多倾诉

小峰的爸爸妈妈总是吵架，这让他非常烦恼。家里很少有安宁的时刻，这让小峰在学习的时候，也静不下心来。小峰郁闷极了，心想：唉，我该怎么办呢？

情景二十二：注意力总是不集中，无法控制自己的脾气，我该怎么办？

不久前，小峰的爸爸才把妈妈和他接到城里一起生活。城里的生活让他觉得很不适应，在家里，爸爸妈妈整天吵架；在学校，他无法集中精神，上课时常常走神，脾气十分暴躁，经常跟同学打架。在这里，他没有亲近的朋友，家里也没有温暖的感觉，老师和同学也不喜欢他。

小峰回到家，还没进家门，就听见父母吵架的声音。想起老师让他叫家长明天来学校，小峰不知道怎么开口，唉，该怎么办呢?

情景二十三：情绪低落怎么办?

阿珠一直跟着奶奶在老家生活，奶奶非常宠爱她，阿珠想要什么，奶奶都会想方设法地满足她。她在老家上学经常是看心情，只要觉得有点不舒服，就让奶奶请假。现在跟爸爸妈妈来到城市里，阿珠觉得很不习惯，情绪起伏很大， 心情不好的时候，她上课不愿意听，也不做作业，成绩逐渐下降。

和小伙伴们一起玩耍时，阿珠也是这样，只要有一点不如意她就会极不开心，要么大发脾气，要么哭个不停。朋友们都说阿珠是个“小气包”，时间一长就都不来找她玩了。阿珠也渐渐地变得沉默寡言，成绩越来越差，每到考试的时候，就以头晕、恶心、感冒等各种借口向老师请假。老师和父母对此都非常头疼，担心她的抑郁和情绪化影响到她的健康和成长。

心理健康问题本身看不见，通常以问题出现后的不良表现形式呈现，如情绪不稳、多动、焦虑、抑郁、强迫性、唯我独尊、社交恐惧，等等。

情景二十二的小峰和情景二十三的阿珠虽然各自的表现不同，但其实都是心理问题导致的情绪问题。小峰注意力不集中、自我控制能力差，阿珠情绪波动大、焦虑抑郁，两人的学习和人际交往都受到严重影响。那么，当你发现自己有类似的情绪问题，该怎么办呢？首先不要慌不要怕，这些问题和烦恼很多小朋友都遇到过，后来他们都通过各种方法解决了自己的问题，不仅

渡过了难关，而且获得了进步和成长。你是不是也很想知道有哪些方法可以帮助你呢？那么，我们一起来看看吧！

情景测试

小朋友，以下的情形哪些是不健康的情绪表现呢？请把它们勾选出来。答完后可以与测试答案对照一下，看看你的判断对不对。

1. 没有要好的朋友，觉得很孤单。
2. 抱着无所谓的态度，对啥事都提不起兴趣。
3. 大家总说你是一个不合群的孩子。
4. 脾气变坏，急躁易怒，注意力难以集中。
5. 对家庭和学校的生活感到不习惯，不耐烦。
6. 经常莫名其妙地发火或哭泣，事后又深感后悔。
7. 经常觉得其他人很讨厌，总是给自己制造麻烦。
8. 早上醒来时，总感到心情郁闷。
9. 总为一些细枝末节的小事而感到烦恼。
10. 即使坐下或躺着，你也很难放松下来。

一、如果有些时候你觉得心中特别苦闷，无法控制自己的情绪，你可以这样做：

1. 向你充分信任的人倾诉。哪怕在沟通上出现了问题，也可以坦诚地告诉父母，大家一起来解决。如果实在无法向父母开口，可以跟你最亲近的朋友聊一聊，或许这样你就会舒服很多。

2. 可以选择多种类型的倾诉方式。或许你之所以不向别人倾诉，是因为不知道怎么表达，或者羞于表达，这个时候你可以采取不同的表达方式。例如当不想面对面交谈的时候可以打电话，当不想说话的时候可以写信、发短信，当不想用文字表达的时候可以画画等。

3. 必要时求助心理咨询。当你不知所措时，不妨求助于心理咨询。心理医生的耐心与专业可以帮助我们走出迷茫无助的心理困境。

二、给孩子的心灵成长宝典：

◆每个人体内都有人所共知的最有助于身体健康的

力量，那就是良好的情绪的力量。

——（美）辛德勒

一、当孩子表现出不健康的情绪问题时，家长可以这样做：

1. 发现孩子有情绪问题时，不要一上来就责备和抱怨自己的孩子不听话。孩子的情绪问题可能是多种原因造成的，比如无原则溺爱或管教过度严厉，都有可能导致孩子形成以自我为中心的个性或者暴力攻击性人格。

2. 平时多关爱孩子，不要只重物质满足而忽略了心灵辅导。很多时候孩子可能不会主动跟爸妈倾诉自己的烦恼或者在学校里遇到的困境。家长可以主动问起孩子在学校里发生的事情；也可以通过和班主任或者孩子的同班同学的接触来了解孩子在学校的情况。

3. 要让孩子敞开心扉，最重要的就是当好一名倾听者。当孩子和父母交谈时，父母最好 “停止手中所做的一切事情”。如果父母继续他们所做的事情，孩子会认为父母对他们所说的事情不在乎。特别是当孩子向父母诉说他们的忧虑、担心和恐惧时，父母不要很快下结论。孩子有时需要的并不是父母的说教和建议，他们只希望发泄一下自己的感受，希望有人能够理解他们的感受，给予他们支持。

4. 父母要学会接纳孩子糟糕的情绪，包括他的不安、不满甚至愤怒，不要往孩子坏的情绪上火上浇油，尽量坦然地面对孩子可能出现的消沉状况。

5. 用孩子喜欢的沟通方式。在与孩子沟通过程中，一味地用说教、命令、强迫等方式让孩子听你的话，孩子必然产生反感，最好采用孩子喜欢的沟通方式。

6. 通过互相倾吐的方式让孩子养成向父母倾诉烦恼的习惯。随着孩子一天天长大，孩子有时候可能就算遇到不开心的事情也选择自己闷在心里而不愿跟父母交流倾诉，这时家长可以采取“共享”“共担”的做法，把自己的想法也和孩子交流，让孩子减少成长过程中与父母产生的“代沟”。

7. 为孩子提供良好的家庭氛围。孩子的苦恼有一部分可能来自家庭——如果家长总是吵架，就像情景二十二中小峰的家长，家长自己的情绪控制能力都很差，那么孩子自控能力自然不好。

二、给家长的教育宝典：

◆稳定感和安全感对孩子来说非常重要，如果孩子能够从一个稳定的家庭中体验到一种安全感，那么这将

有助于他们应对来自校园内外的种种挑战。

◆教育孩子最美好的一句箴言是：陪孩子多一点，孩子问题会少一点。

帮助小贴士：

如果你心有烦恼苦于无处倾诉，你可以寻求学校心理辅导老师的帮助，他们会耐心地听你倾诉。

心有烦恼要倾诉，父母朋友来帮你。

家人互相多关爱，成长礼物是陪伴。

【1　2　3　4　5　6　7　8　9　10】

这十种行为都属于不健康的情绪表现，你答对了吗？

第十二章

身体隐私保护好

小朋友，我们都知道离坏人要远一点，电视里的坏人人人喊打。但在日常生活中，你知道怎么分辨坏人吗？

情景二十四：遇到性侵害，我该怎么办？

下课了，同学们都在操场上玩，丽丽一个人躲在角落里哭，她的好朋友阿晴关心地问："丽丽，你怎么啦？"丽丽低声地说："我被陈老师欺负了。"原来，刚才教数学的陈老师把丽丽叫到办公室谈话，谁知说了几句之后，陈老师就对丽丽说："来，坐到老师腿上来。"看丽丽不动，就拉过丽丽搂在怀里。丽丽吓坏了，她好不容易挣脱了陈老师，跑出办公室的时候，听到陈老师恶狠狠地说："不许告诉别人，知道吗？"丽丽吓坏了，父母都在城里打工，她也不敢告诉爷爷奶奶。阿晴气愤地说："不要怕他，我们去告诉班主任王老师。上次我妈接我到城里过暑假的时候，我在公园里也遇到了一个坏人，要给我棒棒糖，还说要带我去游乐园，拉着我又要抱又要亲，后来我告诉了妈妈，妈妈报了警，那个坏人被抓住了。要是你不说，陈老师还会欺负别的同学。"丽丽觉得阿晴说得对，她在阿晴的陪同下，把事情告诉了班主任王老师。陈老师被学校开除，受到了应有的惩处。

情景二十五：家里只有我一个人，不认识的叔叔来敲门，我应该开门吗？

星期六，小明的爸爸妈妈出外办事，只有小明一个人在家。突然，小明听见“咚咚咚”的敲门声。他立刻走到门后大声问：“谁呀？”门外传来一个叔叔的声音：“我是你爸爸的朋友。”听说是爸爸的朋友，小明想去开门，但很快又站住了。他想：现在只有我一个人在家，如果我开门让不认识的叔叔进来，那可是很不安全的。于是小明礼貌地对叔叔说：“对不起，我爸爸不在家，请你等爸爸回来后再来找他吧！”那个叔叔听了后，无可奈何地走了。

情景二十四中的丽丽被陈老师欺负了，她的好朋友阿晴则在公园里遇到过陌生的坏叔叔。由此而见，熟人和陌生人都有可能成为侵犯我们、伤害我们的人。无论他们是谁，我们都有权利大声地勇敢地说“不！”丽丽和阿晴都很勇敢地拒绝了侵害行为。她们把坏人的行为告诉给了老师和家长，保护了其他的小朋友，这种行为就更勇敢了。

情景二十五中的小明也是个聪明的会保护自己的孩子，他礼貌地拒绝了给陌生的叔叔开门。小朋友要记住，不管叔叔是不是爸爸的朋友，你一个人在家的时候，安全是第一位的。如果叔叔真是爸爸的朋友，那他不仅不会生气，还会夸赞你有安全意识呢；如果叔叔是坏人，那你就很好地保护了自己和家的安全，爸爸妈妈都会为你骄傲的。

情景测试

小朋友，以下哪些认知或看法是错误的，请把它们勾选出来。答完后可以与测试答案对照一下，看看你回答得对不对。

1. 只有陌生人会性侵害孩子，认识的人不会这样。

2. 被性侵害的孩子，应该主动告诉别人，主动向人求救。

3. 陌生人给的饮料或食品可以拿。

4. 大人、孩子都可能是侵害儿童的人。

5. 如果有人的触碰让你感到不自在或不愉快时，可以勇敢地大声说“不”！

6. 好孩子不可能被人性侵害。

7. 感到不舒服时，应该明确表达拒绝且坚持自己的原则。

8. 外出要注意周围动静，不要和陌生人搭腔，如有人纠缠，尽快向人多处靠近，必要时要呼叫。

9. 不要独自去偏僻的地方玩，这样会有危险。

10. 男生和女生都可能受到性侵犯。

11. 出入偏僻场所要结伴而行。

12. 不是只有外表看起来像坏人才会伤害人，“坏人”两个字不会写在脸上。

一、不要轻易相信陌生人，如果在外面遇到陌生人引诱你，你可以这样做：

1. 如果有陌生人到学校接你，说带你去玩，给你好吃的东西，或说带你到父母那里时，不要轻易相信，不要跟他走。如果他强行拉住你，就用你最大的声音，大声呼救！同时尽快跑向人多的大街，或冲进任何一间商店向行人或店员求助。

2. 不要坐进陌生人的车里。陌生人邀你同行，不管

是坐车还是走路，都要拒绝。

3. 平时上学或出外，应和同学结伴。在外面如果跟父母或同伴走散了，首先应该在原地等候，如果在原地等了好一阵子还不见父母或同伴找来，可就近求助警察或保安，千万不要跟着陌生的人走，也不要轻易相信周围的陌生人。

4. 出外时应了解环境，尽量在安全路线行走，避开荒僻和陌生的地方。同时注意周围动静，如有人盯梢或纠缠，尽快向人多处靠近，必要时要呼叫。

5. 外出时要告知父母你的去处，和谁同去，并留下清楚的联络方式（电话或住址）。

6. 记住在紧急状况下可以帮助你的人的电话号码。

7. 当有陌生来电的时候不要透露家里的信息。孩子在接到陌生电话的时候要尽量避免向陌生人透露自己是一个人在家，也不要在电话里告诉陌生人家里的信息。

8. 当陌生人敲门的时候不要开门。一个人在家时，孩子要把门锁好，有陌生人来敲门，不要应门和开门；万一应了门，可问他是谁并假意呼叫大人；不要告诉陌生人任何事情，就说爸爸妈妈在忙其他事情，没空来开门，请他下次再来；如果陌生人还不离开，可以打电话给邻居或者报警等。

二、如果有人意图侵犯时，你可以这样做：

1. 你的身体是属于你自己的。如果有人的触碰或者亲吻让你感到不自在或者不愉快，即使是老师或其他有权威的人，你都可以大声地说：“不要！”

2. 如果有人搂住你，或是让你坐到他腿上，即使对方是熟悉的长辈，你也可以大声地说：“不！”

3. 如果有人脱光衣服，或是强迫你看或摸他身体，一定不要答应，并立即跑开。

4. 若有人触碰或者亲吻了你，事后却要你保密，你不要照做，一定要完整地把事情跟父母说。

5. 如果不幸遭遇侵害，一定要第一时间把事情告诉父母，和父母商量，寻求大人的帮助。不要因为害怕或者害羞就选择不告诉任何人，那会让坏人更加得寸进尺、肆无忌惮。

6. 平时养成经常和家长沟通的好习惯，把所发生的事情多和家人说，不用害怕也不用害羞，这样可以让父母对你的安全多留个心眼，从而更好地照顾和保护你。

三、给孩子的心灵成长宝典：

◆英国的儿童安全教育强调“十大宣言”

（1）平安成长比成功更重要。

（2）背心、裤衩覆盖的地方不许别人摸。

（3）生命第一，财产第二。

（4）小秘密要告诉妈妈。

（5）不喝陌生人给的饮料，不吃陌生人给的糖果。

（6）不与陌生人说话。

（7）遇到危险可以打破玻璃，破坏家具。

（8）遇到危险可以自己先跑。

（9）不保守坏人的秘密。

（10）坏人可以骗。

家长可以这样做

一、引导孩子养成安全防范的意识，培养孩子养成良好的行为习惯，提高他们自我保护的能力，家长可以这样做：

1. 切实承担起对孩子的日常监护职责，多陪伴孩子。父母不在身边的孩子更容易遭受侵害。

2. 教给孩子“安全应对陌生人”规则。不要简单地对孩子说：“陌生人很危险。”应教育孩子认清什么是可疑或者有害的行为，以及让他们掌握保护自己的一般策略和技巧。比如告诉孩子遇到陌生人寻求帮助时，孩子只能协助打电话而不要自己尝试救助。

3. 平时训练时要确保孩子知道自己的姓名、父母的姓名、家庭电话号码和地址，并教会他们懂得如何求助。

4. 训练孩子面对外在诱惑时的判断与选择能力，告诉他们如果为了保护自己而伤害到了别人，也是允许的。

5. 当孩子一个人在家的时候，要教育孩子如果有陌生人敲门，千万不要轻易开门。父母可给孩子列“开门白名单”。也就是说家长可以列出一个单子，说明只有哪些人来了是可以开门的，比如爸爸、妈妈、爷爷、奶奶、外公、外婆……

二、预防孩子遭受性侵害，家长可以这样做：

1. 适当地对孩子进行必要的性教育，提高孩子保护自己身体的意识。可能很多家长都觉得小男孩不像女孩子那样柔弱，所以不太注意，其实男孩子同样需要具有自我保护意识。

2. 当有人抚摸孩子时，不要以为亲近孩子的人就都是表达对孩子的疼爱而一概放任。

3. 在孩子成长过程中多点询问孩子的感受，了解他们过得开不开心、身体舒不舒服。当孩子向大人说实话时，大人应当信任孩子并及时帮助他们。例如，在性骚扰事件中，如果孩子向大人诉说，而未得到信任的话，孩子或许就会从此闷声不说。

4. 加强法制观念和维权意识。当孩子受到侵犯和伤

害的时候，家长千万不要受“家丑不可外扬”等观念的影响而选择大事化小或者忍气吞声，这将助长歹徒的嚣张气焰。家长应该积极收集证据，坚决拿起法律武器替孩子讨回公道，让坏人得到应有的惩罚。同时，家长在增强自己的法制观念和维权意识的同时，也要注意教给孩子一些必要的法律知识，让孩子知道尚有法律保护自己，知道该向谁倾诉自身遭遇，知道通过哪种渠道反映倾诉更适合等，不至于孤立无援。

三、给家长的教育宝典：

◆多教孩子一点吧，教他们如何识别危险，教他们怎样战胜危险。

◆我们要像对待荷叶上的露珠一样小心翼翼地保护儿童的心灵。——（俄）苏霍姆林斯基

帮助小贴士：

1. 在紧急情况下可以拨打110报警，明确说明“我需要帮助”，如情况紧急难以说话，可打通后摘下话筒放在一边，以便警察追踪行踪。

2. 如果你遇到了侵害，同时在身边找不到可以求助的人，可以拨打广州市妇女儿童维权服务热线：38613861

3. 可以像下图中的小朋友一样，向学校保安、警察叔叔或者其他可以信任的成年人求助哦。

孩童尚稚嫩，容易遭侵犯。

若受性骚扰，主动告家长。

【1　3　6】

情景测试中第 1、3、6 条的看法是错误的，其他的看法都是正确的。你答对了吗？

第十三章 反对家暴保权益

在学校和小朋友吵架，回到家被爸爸不分青红皂白狠狠地责骂，有时候还会被打，这时候该怎么办呢？一起来学习该如何向恐怖的家暴说“不”吧。

情景二十六：因为成绩不好，爸爸经常打我，我该怎么办？

小刚今年七岁，不久之前，他的爸爸妈妈离婚了，他和进城工作的爸爸生活在一起。来到城市以后，小刚因为适应不了这里的环境，常常与同学闹矛盾。这天，小刚不小心弄坏了同学的课本，还没来得及道歉，同学就打了他。他一时气不过，就和同学打起架来。晚上，劳累了一整天的爸爸回到家看到小刚脸上、衣服上的污渍，顿时火冒三丈，扬起手掌就朝小刚的脸上狠狠地打了下去。过后，爸爸依然不解气，又一手拿起擀面条的棍子，一手抓住小刚的手臂朝他的屁股打了下去。没多久，小刚身上便伤痕累累了。此后，爸爸隔三岔五就会打小刚来出气。直到小刚的班主任发现了这件事，才帮助小刚从家庭暴力的恐怖中解脱出来。

情景二十七：爷爷的管教过于严厉，常常谩骂我，我该怎么办？

锋锋的爸爸妈妈都到城里务工去了，他和爷爷一起在

农村生活。因为从小受到的约束较少，所以锋锋的性格很顽皮，经常在家或者在外面调皮捣蛋。爷爷比较暴躁，每次锋锋捣蛋，他都会很生气，也常常骂锋锋：“老子辛辛苦苦养你这么个不争气的东西，还不如一手把你掐死算了！”他还经常把“骂你是为你好”“不骂不争气，不打不成才”挂在嘴边。爷爷暴烈的谩骂在锋锋心里留下了阴影。锋锋一天天变得压抑、乖戾……

首先，无论父母还是孩子，都要明确了解一点：父母打孩子是家庭暴力行为。在情景二十六中，爸爸认为打骂的方式可以使孩子听话、争气，可以起到管教的作用。爸爸的行为无疑是以管教之名，行伤害之实，这会对孩子的心灵造成难以磨灭的伤害。在情景二十七中，爷爷没有认识到自己的语言暴力也会对孩子造成伤害，认为只有通过这样的教育方式才能让孩子有出息。

小朋友，你想一想，小刚和锋锋应该怎么做呢？我们面对父母或长辈的暴力行为，会非常害怕，这是正常的反应，但害怕不能帮我们解决困难，脱离暴力的环境。所以我们首先要让自己冷静下来，勇敢地和父母沟通。如果家长仍然对你施以暴力，那你就必须鼓起勇气向老师或其他可以帮助你的人求助。

小朋友们都知道，父母打孩子属于家庭暴力，除此之外，语言暴力同样会对孩子造成心灵伤害。以下的话语中，哪些属于语言暴力？请将它们勾选出来。答完后再与测试答案对照一下，看看你的判断对不对。

1. 你简直是个废物 / 饭桶 / 白痴！

2. 你说，我养你有什么用？

3. 你这个无用的东西 / 不孝顺的孩子！

4. 你长大不会有出息的！

5. 你根本不是读书 / 画画 / 弹钢琴的料！

6. 你要是能考上大学，太阳从西边出来！

7. 世界上再也没有比你更笨的了！

8. 某某同学每次都比你考得好，你是不是傻！

9. 做不完作业，不许吃饭 / 不许睡觉！

10. 告诉你，下次再考成这样，我就不要你了。

在家暴事件中，孩子往往是受害者。我们可以学习一些预防家暴发生以及家暴发生后保护自己的方法，你可以这样做：

1. 平日里多和父母互动，当生活上或者学习上遇到困难时多去问父母的意见，同时向父母倾吐自己的想法，让彼此互相了解，互相体谅。

2. 在生活中如果发现父母有家暴的倾向时，可以首先离开家里到亲戚家或者老师、邻居家，向他们说明情况，寻求外界的帮助。

3. 当家暴正在发生或者已经发生的时候，要主动保护自己，维护自己的权益。孩子可以打110向警察求救，通过法律手段保护自己。不要因为害怕而不敢作声。

家长可以这样做

一、降低家暴发生的可能性，家长可以这样做：

在儿童家庭暴力的问题上，家长往往是施暴者，因此解决家暴问题，保护孩子权益，首先需要从家长方面入手。

1. 家长要清楚地认识到什么是家庭暴力。家暴包含的不仅仅是肉体上的伤害和折磨，同时还包括精神上的侮辱和言语暴力。

2. 学会调节自己的情绪，不要做出丧失理智的行为。家长作为成年人，在生活中不可避免地会遇到各种各样的烦恼、危机，在遭遇这些事情的时候，应该通过健康有效的方式来调节情绪，避免把情绪带入到对子女的教育中。

3. 家长应该多与自己的孩子沟通和交流，了解清楚孩子的所作所为所想，不要随便把自己的意愿和期望不分青红皂白就加注在孩子身上。更不能为了发泄一时的冲动、暴烈情绪而做出不理智的行为，伤害孩子。

4. 树立正确的教育观念。很多家长奉行棍棒教育，认为只有通过这样的教育方式才能让自己的孩子有出息，他们没有正确认识到自己的暴行对孩子所造成的伤害，甚至觉得理所当然，觉得这才是为了孩子好。这显然是不对的。家长应该采取正确的教育方法，不要被愚昧的观念蒙蔽了自己的眼睛，伤害了自己最亲的孩子。

在这里特别提醒家长们，冷暴力和语言暴力也是一种暴力。不要像上图的爸爸一样，用语言打击孩子。陪伴和赞赏是你给孩子最好的礼物。

二、给家长的教育宝典：

◆暴力、溺爱和放任是摧毁孩子健康人格的三大灾难。

◆毁灭人只要一句话，培植一个人却要千句话，请你多口下留情。

帮助小贴士：

受到侵害时，孩子们还可以拨打维权公益热线：12338，勇敢地向暴力说“不”。

冷漠侮辱是暴力，好好沟通解决它。

父母打骂不要怕，求助老师和警察。

【1　2　3　4　5　6　7　8　9　10】

这十句话都属于语言暴力，所以家长请不要对孩子说这些话。

第十四章 校园欺凌齐抵抗

遇到“校霸”威胁恐吓要收保护费或者受到他们的暴力对待时，你会怎么办？下面的漫画告诉我们，遇到校园暴力的时候，应该马上告诉老师，保护自己。

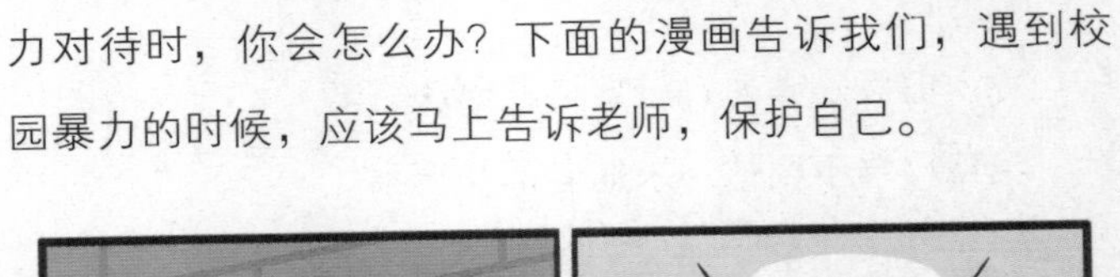

情景二十八：遭遇校园欺凌怎么办？

放学的时候，何小锋经过三楼的走廊，突然听见一阵叫骂声。何小锋觉得很奇怪，跑过去一看：啊，原来是王小强和另外几个男同学合起伙来欺负李明明！

看到李明明被打，何小锋赶紧跑过去阻拦。王小强叉着腰说："何小锋，要不你就加入，要不我们连你一起打。"何小锋说："你们不可以欺负同学。"王小强一招手，他的几个同伴一拥而上，把何小锋也打了一顿。李明明对何小锋说："要不忍忍算了。"何小锋说："不行，越忍他们越欺负人。"

何小锋告诉了老师，老师生气地让王小强叫家长来学校。听说叫家长，王小强吓坏了，因为他知道他爸爸一定会痛揍自己。他乖乖地向何小锋道歉，保证下次再也不敢了。

情景二十九：遇到"校霸"收保护费，我该怎么办？

小明的爸爸在外打工，常年不在家，平常家里只有小明跟妈妈，所以小明在学校经常被人欺负。

这天，几个高年级的同学拦住小明，“你明天要给我们 100 元，记住，不能告诉任何人。否则，揍死你。”小明哭了，“我没有钱，拿什么给你们呀。”“哼，骗谁呢，你爸爸在大城市打工，你怎么可能没有钱？你自己想办法，但绝对不许告诉其他人，否则……”

小明哭着回到家，“妈妈，今天……我该怎么办？爸爸呢，爸爸呢，他为什么总是不在家？”妈妈无奈地看着小明。

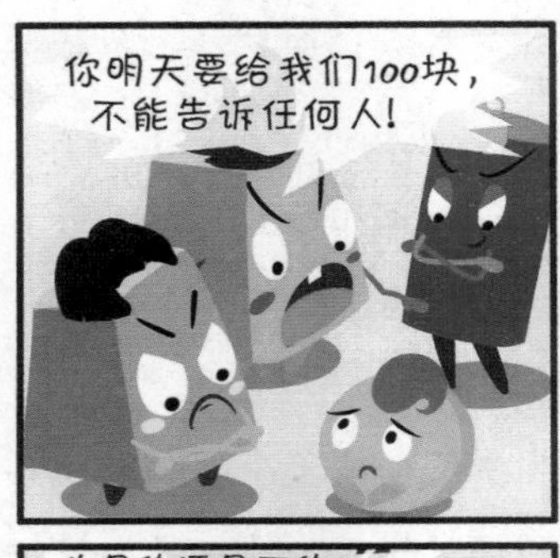

在情景二十八中，王小强等人仗着人多势众，欺凌何小锋和李明明，他们可能自己本来就是暴力的受害者，比如王小强，家中就有一个会揍他的爸爸。暴力对人的心灵伤害比肉体伤害还要严重，所以我们要有意识地远离暴力，既不要做一个施暴者，也要学会保护自己，避免成为受害者。

在情景二十九中，小明被学校里的坏孩子勒索钱财，因为他爸爸常年不在家，所以他比较容易成为学校里被欺负的对象。那么小明该怎么办呢？他应该像何小锋那样马上找老师求助。除此之外，还有许多方法可以避免我们成为校园欺凌的受害者。

下面的做法中，你认为哪些行为是正确的，哪些行为是不正确的呢？你认为对的、值得提倡的行为就打“√”，你认为不对的、应该反对的行为就打“×”。

答完后再与测试答案对照一下，看看你的判断对不对。

1. 十分好斗，经常欺负、殴打弱小的同学。
2. 常常激动易怒，毁坏自己或别人的物品。
3. 喜欢支配别人，恃强凌弱。
4. 组织或参加团伙。
5. 不会好好沟通，只会用拳头“说话”。
6. 结交损友，甚至逃学。
7. 常捣乱、打扰周围的同学。
8. 被同学打了就去找高年级的“大哥”打回来。
9. 被欺负了不敢告诉老师，怕被报复。
10. 懂得与同学合作，体谅同学。

一、为了避免成为校园暴力的受害者，你可以这样做：

1. 与同学友好相处。有的同学与他人发生矛盾时，不愿意吃亏，认为忍让就是没了面子失了尊严，结果矛盾激化，到最后就选择用暴力来解决问题。我们应该宽宏豁达，发生矛盾的时候首先好好沟通，沟通无结果再寻求老师、家长的帮忙，而不应为一丁点儿小事僵持不下，斤斤计较，甚至拳脚相加。

2. 尽量远离学校里所谓的“校霸”，不要接近他们，以免发生麻烦，成为校园暴力的受害者；更不要加入他们的组织，以免“惹祸上身”，成为可耻的施暴者。

二、当不幸遭受到校园暴力的时候，你可以这样做：

1. 当暴力事件正在发生时，想办法找机会逃跑。如果无法逃跑，那么应双手抱头，尽力保护头部，尤其是太阳穴和后脑。在遇到人身和财产双重危险时，应以人身安全为重，舍财保命，以免受到更严重的伤害。同时，观察四周是不是有可以求助的人，大声呼救求救。

2. 不做逆来顺受的学生。很多学生遇到暴力事件的时候不敢告诉家长或老师，更不敢报警，甚至警方在破案过程中找到他们时，他们也不敢出面作证。实际上，正是受害者这种软弱的态度，助长了施暴者的淫威，因此，孩子在遭遇校园暴力的时候一定要如实告诉老师、家长，不要闷声受气。

3. 不要以暴制暴。“他们能抱成团，我们为什么不能？”“他找人打我，我也找人打他，看谁能打过谁。”面对校园暴力，受害的学生用以暴制暴的方式解决问题不但不能让暴力远离自己，反而会使自己陷入施暴—被施暴—施暴的怪圈中无法自拔。所以当遭遇暴力事件的

时候，要通过正当合法的方式来寻求帮助。

孩子是需要被保护的对象，无论是在家还是在学校，家长都要注意维护孩子的安全，帮助孩子提高安全意识和明辨是非的能力。

一、为了让孩子远离校园暴力，家长可以这样做：

1. 家长要有和孩子交流的好习惯，争取做孩子心灵上的小伙伴。哪怕工作忙，也应该多和孩子交流，留意孩子情绪上的波动，多提问，了解他们在学校里发生的事和遇到的人。如果发现孩子情绪异常的话，要注意开导，知道孩子的真实想法才能更好地预防伤害的发生。

2. 家长要加强孩子的安全知识教育，让孩子知道被人欺负的时候应当向家长、老师等大人寻求帮助，而不是委曲求全。家长平时可以结合一些常见的校园暴力现象来引导孩子，进行预防教育。在预防教育中，一定要引导孩子学会分辨事情的对错曲直，不能诱导孩子以暴制暴。当然，也要教孩子一些自我保护的方法，让孩子平时有心理准备，遇事能从容处理。

3. 家长还应重视与老师、学校的沟通与联系。不少家长忽视与班主任老师的沟通与交流，因而对孩子上学期间的安全情况缺乏了解。

4.生活中建立良好的亲子关系，在日常家庭教育中避免用暴力解决问题。孩子暴力伤害他人，并不是单一现象，而是与家长的教养方式有密切联系。如果存在家庭暴力的话，那很可能会让孩子从被打中受到影响，转而去伤害其他无辜同学来发泄内心的负面情绪。

二、为了避免孩子成为校园暴力的施暴者，家长可以这样做：

首先，对孩子接触的东西进行筛选，比如一些暴力电影、小说。儿童对周围事物的模仿是方方面面的，从一句口头禅到一种语气、动作，再到一种态度。暴力电影和小说因其跌宕起伏的情节，很容易让孩子着迷，继而模仿。在孩子形成良好的判断能力之前，父母应该充当孩子的保护神。

其次，加强培养孩子的法律意识和法制观念。施暴者法律意识淡薄，对法律无知，这是校园暴力产生的另一个主要原因。孩子虽小，但也不能因为年龄小而去伤害他人，因此要让孩子知道施行校园暴力不仅是一件违背道德的事情，而且严重的话也会触犯法律。

帮助小贴士：

遇到校园暴力，小朋友们一定要及时告诉家长和老师，或到学校心理咨询机构寻求心理辅导老师的帮助，必要时应打电话报警。

校园暴力可以防，方法掌握要恰当。

求助师长来帮忙，自我保护有保障。

1. ×　2. ×　3. ×　4. ×　5. ×
6. ×　7. ×　8. ×　9. ×　10. √

第 1 至第 9 种行为都是不正确的，属于校园暴力行为，只有第 10 种行为才是正确的。你答对了吗?

第十五章

手机网络勿沉迷

一回到家，毛毛就开始玩爸妈的手机，连作业都不想做，甚至玩到深更半夜。毛毛很后悔没好好完成作业，但第二天仍然控制不住自己一直玩，而且时间越来越长……

情景三十：我总是想玩手机，怎么办？

毛毛今年9岁，半年前刚被爸爸妈妈接到城里上小学。在这之前，毛毛一直和爷爷奶奶住在老家。爷孙三人，其乐融融。爸爸妈妈每次回家都会给儿子带去几本图书，毛毛可喜欢读了，还因此成了班里的“小博士”。可是，自从来到城里之后，情况就大大不同了。平日里，爸爸妈妈工作繁忙，起初，下班回家还能陪毛毛写写作业、散散步，后来顾不上了，就经常拿手机给毛毛玩，让他解闷。半个钟、一个钟、两个钟……毛毛玩手机的时间越来越长，也越来越上瘾，打游戏、看视频，玩得不亦乐乎。

这不，下周就是毛毛的10岁生日了，他指明要XX牌平板电脑，还说班上好多同学都拿这个电脑来学英语呢。毛毛的爸爸该怎么办？

情景三十一：网络游戏好刺激，在现实生活中我可以模仿吗？

下午放学，小新照例跑去找豆豆一起玩。豆豆和小

新一样，爸爸妈妈总不在身边，放学时他们总是在学校打一会儿乒乓球，再一起回家。可是今天，他们却因为昨晚连线玩游戏的事情起了争执。小新恶狠狠地说："豆豆，信不信我炸了你！"豆豆也不饶人，说小新是"蠢猪"。两个小伙伴就这样，你一言我一语，最后扭打起来。恰好语文老师经过，及时制止了他们。"同学之间，怎么可以使用这么难听的字眼？"面对老师严厉的追问，小新和豆豆都涨红了脸。原来，这是他们最近在玩的一款网络游戏"XX 庄园"里常见的游戏语言，情急之下，被他们搬到了现实生活中使用。老师语重心长地说："你们想一想，不论是与自己亲爱的同学，还是陌生人，用这样的语言沟通，有没有做到互相尊重呢？"小新和豆豆不禁陷入了沉思。

情景三十中，毛毛家长无暇顾及孩子而让其玩自己的手机，久而久之，还没有形成良好自控能力的孩子对电子产品产生了依赖。

情景三十一中，小新和豆豆在虚拟世界中接触到了一些夹杂着暴力倾向的语言，并且不知不觉地将它们带到了现实生活当中。

小朋友，你和毛毛一样爱玩手机吗？小新对同学的行为是对的吗？如果是你的话，你会怎么做呢？网络的背后藏着一个复杂的世界，一方面，它帮助我们获取自己感兴趣的知识。另一方面，网络上存在大量不良信息，很容易使我们沉迷、依赖。

情景测试

下面的做法中，你认为哪些属于网瘾呢？请把它们勾选出来。

1. 因过度上网有所后悔，但第二天却依然如故。
2. 无法控制上网的冲动，整天都想玩手机。
3. 每天上网的时间越来越长。
4. 不能上网时，总感到烦躁不安或情绪低落。
5. 将上网作为解脱痛苦的唯一办法。
6. 只对上网有兴趣，对现实生活却完全忽视。
7. 利用平板电脑学习，了解最新的新闻资讯。
8. 学了网络中的粗言秽语，有时还对同学说。
9. 情绪暴躁，会模仿网络游戏中的暴力行为。
10. 因为迷恋上网而逃学。

一、当你发现自己每天花费很长时间在网络上，而且越来越不喜欢与别人沟通时，你可以这样做：

1. 在空闲的时候，做一些别的尝试。比如，画一幅画，可以贴在自己的床头；做一件手工艺品，可以摆在客厅的茶几上；和父母一起做几道菜，尝一尝自己的手艺如何等。

2. 和同学们相约，比赛一场，看看谁能把每天玩电子产品的时间控制在一个小时之内。邀请自己的爸爸妈妈做裁判，如果你坚持下来了，就可以得到一份奖励。

3. 先把功课完成，你会发现电子产品玩起来更有意思了。

4. 大胆与父母沟通。比如请他们陪伴自己出去游玩，或者一起做游戏。

5. 积极参与一些集体活动。通过与大家的互动，逃离电子产品的“小魔爪”，走出自己封闭的世界。

6. 多去自然环境中走一走，放松自己，以一种清醒而且愉悦的状态面对他人。

二、给孩子的心灵成长宝典：

◆要善于网上学习，不浏览不良信息；要诚实友好交流，不侮辱欺诈他人；要增强自护意识，不随意约会网友；要维护网络安全，不破坏网络秩序；要有益身心健康，不沉溺虚拟时空。

——《全国青少年网络文明公约》

一、孩子对电子产品产生依赖时，家长可以这样做：

1. 去了解你的孩子，并给予他们更多的陪伴，不要让电子产品成为你孩子的“保姆”。如果平时工作繁忙，可以选择在周末的时候带着孩子一起外出游玩，或者与孩子一起做游戏，与孩子建立亲密、和谐的关系。

2. 参与到孩子的学习中去，对“孩子现在需要什么”形成自己的判断。随着社会的日新月异，父母更应多些参与到孩子的学习过程中去，比如，认真检查孩子的作业、多与学校老师沟通，以便掌握孩子的学习优势与弱项，帮助孩子挑选适合他的教辅工具，比如一些手机应用、电脑软件。

3. 做好孩子的榜样。儿童正处于模仿和好奇心旺盛的时期，喜欢“有样学样”。请家长想一下：在孩子写作业的时候，你是否在孩子旁边摆弄电子产品？如果面对电子产品时，父母缺乏自我控制的能力，那么孩子在这方面也会表现不佳。

4. 适当控制孩子玩电子产品的时间。家长应当对孩子进行适当的认知教育，比如，通过观看相关儿童节目或故事让孩子明白或告诉孩子，玩电子产品的危害性。此外，家长要事先与孩子商量好玩电子产品的时间，如每天半个小时，并在儿童守信时适当给予奖励或表扬，直到孩子慢慢形成良好的自我控制能力。

5. 适当转移孩子的兴趣。电子产品最吸引孩子的地方，在于它的趣味性。许多其他产品也有这样的功效，比如图书。

二、孩子在网络上可能会碰到一些不良信息的安全隐患，家长可以这样做：

1. 引导孩子正确使用电子产品。家长们千万莫误认为不能让孩子接触电子产品，阻止孩子上网。问题的关键是要给孩子正确的引导。年级幼小的孩子，家长开始时尽可能和他一起上网，引导孩子去接触有趣的、适宜他们年龄的内容，然后再慢慢放手，给孩子一些自己选择的空间。

2. 可以运用网络安全技术和产品，对孩子浏览的网站加以筛选，比如通过 IE 浏览器可以设置网络安全级别。打开 IE 安全审查功能设置许可站点，这样做可以保证孩子不会无意中闯入不健康网站。

3. 时时留心，及时提醒。比如，当孩子在看一些天马行空的动画片时，跟孩子解释，那些被炸飞、使用锯子的情节不能轻易模仿。

电子产品助学习，谨慎使用莫沉迷。

网络信息需小心，不良行为勿模仿。

【1　2　3　4　5　6　8　9　10】

这九种行为都属于网瘾。如果你有了这些行为，就要及时纠正哦！